Heiko van Eckert

Grundwissen Vertrieb

Strategie /
Aufbau und Organisation /
Methoden und Praxis

Herausgegeben in Zusammenarbeit mit dem FORUM Berufsbildung

Cornelsen

Verlagsredaktion: Erich Schmidt-Dransfeld, Andrea Dietrich-Bijjou
Technische Umsetzung: TypeArt, Grevenbroich
Umschlaggestaltung: Gabriele Matzenauer, Berlin
Titelfoto: © Sam Edwards / gettyimages®

Informationen über Cornelsen Fachbücher und Zusatzangebote:
www.cornelsen.de/berufskompetenz

1. Auflage

Druck: Druckhaus Thomas Müntzer, Bad Langensalza

ISBN 978-3-589-23749-4

Inhalt gedruckt auf säurefreiem Papier
aus nachhaltiger Forstwirtschaft.

Vorwort

Sie möchten das grundlegende Wissen zum Thema Vertrieb wiederholen, beispielsweise bei der Vorbereitung einer Prüfung in Ausbildung, Umschulung oder Fortbildung? Oder Sie möchten sich als Praktiker in die Grundlagen des Vertriebs einarbeiten?

In beiden Fällen haben Sie vermutlich wenig Zeit, müssen aber doch so weit kommen, dass Sie alle wesentlichen Begriffe und Strukturen gedanklich parat haben.

Das ist deshalb nicht ganz einfach, weil das Wissen zum Vertrieb nicht standardisiert ist und ein „guter" Vertrieb von der „Handschrift" eines engagierten Vertriebsleiters geprägt wird. Das vorliegende Buch nimmt ganz bewusst den Kunden als Dreh- und Angelpunkt und zeigt auf, wie man den Vertrieb konsequent auf allen Ebenen am Kunden ausrichtet. Es ist unerlässlich, zunächst die Bedürfnisse und Probleme des Kunden kennenzulernen und zu analysieren, um ihm dann maßgeschneiderte Lösungen anbieten zu können. Ein Vertrieb muss „customeyes" sein!

Was erwartet Sie im einzelnen in diesem Buch?

In Kapitel 1 beschäftigen wir uns mit dem Thema Strategie. Sie nimmt ihren Ausgangspunkt in der Unternehmensvision und den Unternehmenszielen, aus denen sich die Vertriebsvision und die konkreten Vertriebsziele ableiten lassen.

Kapitel 2 widmet sich der optimalen organisatorischen Ausgestaltung des Vertriebs hinsichtlich der definierten Ziele und Strategien.

In Kapitel 3 werden die einzelnen Aspekte eines optimalen Vertriebsprozesses herausgearbeitet. Die Phasen werden verdeutlicht und erläutert, Zuständigkeiten angesprochen. Welchen „Wert" haben Kunden, wie können bestehende Kunden gehalten und ausgebaut werden? Wo liegen die Schnittstellen zu anderen Bereichen im Unternehmen? Dieses Kapitel ist das Herzstück des Buches.

Kapitel 4 beschäftigt sich dann mit der Rolle der Vertriebsleitung. Sie setzt Ziele, sorgt für Rahmenbedingungen und unterstützt die Mitarbeiter. Insofern behandelt dieses Kapitel zugleich die operative Seite der Durchführung der konkreten Vertriebsmaßnahmen.

Kapitel 5 beleuchtet die Anforderungen an Mitarbeiter, das Rollenverständnis und die Motivation und Kapitel 6 stellt das Allerwichtigste zum Customer Relationship Management zusammen.

Wenn Sie jetzt nach dem Komplex Kundenkontakt, Verkaufsgespräch und Verhandlung fragen, sind Sie aufmerksam und vermissen diesen zu Recht. Denn natürlich gehören der Umgang mit Kunden und der Verkauf mit zum Vertrieb. Sie sind in diesem „Grundwissen" jedoch deshalb ausgeklammert, weil das Thema in der vorliegenden Buchreihe aufgeteilt wurde und das betreffende Wissen in einem weiteren Band zu „Beratung und Verkauf" vermittelt wird.

Wie bei den übrigen Bänden der Reihe wird der Stoff kompakt und verständlich dargeboten und Lernende werden durch Fragen zur Selbstkontrolle unterstützt, die nach jedem Hauptkapitel angeordnet sind. Mit den Fragen wiederholen Sie das Allerwichtigste und werden zugleich methodisch angeleitet, wie Sie den Stoff noch einmal unter dem Blickwinkel durchgehen können, ob sie ihn hinreichend verstanden haben. Insbesondere für Prüfungen ist es empfehlenswert, auch die in den Fragen nicht angesprochenen Abschnitte ein zweites Mal zu lesen und für sich selbst kurz zusammenzufassen.

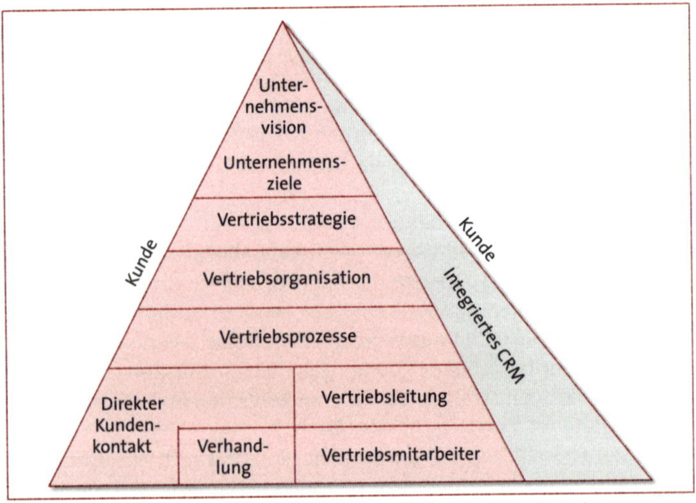

Die Pyramide der behandelten Themen von Zielen und Strategie bis zum operativen Vertriebsgeschehen und der Flankierung durch CRM

Autor und Verlag wünschen Ihnen viel Erfolg und vor allem auch gute Impulse bei der Umsetzung in Ihrer eigenen beruflichen Praxis!

Inhaltsverzeichnis

1 Vertriebsstrategie

Warum beginnen wir dieses Buch über Vertrieb mit dem Kapitel Vertriebsstrategie?

Ohne Strategie geht es nicht. Strategie kommt vor Organisation, Strategie kommt vor Operation, Strategie kommt vor Effizienz und Zahlen. Und was kommt vor der Strategie? Richtig, die Vision. Die Vertriebsvision und darüber die Unternehmensvision (siehe dazu auch noch einmal die Abbildung in der Einleitung).

1.1 Am Anfang steht die Vision

Jeder strategische Planungsprozess beginnt mit der Vision und den Werten, für die das Unternehmen stehen soll. Sie sind die gemeinsame Basis oder das gemeinsame Endziel. Erst wenn wir wissen, wohin wir wollen, können wir eine Strategie entwickeln, um diese Vision und dieses Ziel zu erreichen.

Was ist eine Vision? Sie ist die konkrete Vorstellung von der zukünftigen Unternehmensentwicklung und die Basis für zielorientierte Maßnahmen. Sie ermöglicht allen Beteiligten, in eine Richtung zu arbeiten.

Arbeiten ohne gemeinsame Vision führt nicht selten zu kontraproduktiver Zusammenarbeit zwischen den verschiedenen Beteiligten. Jeder geht in irgendeine Richtung, in seine Richtung, aber nicht zwangsläufig in die des Unternehmens. Eine gemeinsame Vision jedoch führt zu einer gemeinsam erlebbaren Ausrichtung der Beteiligten und zu einer produktiven Zusammenarbeit. Weil alle wissen, „wozu und warum", und weil alle die Werte im Wesentlichen teilen. Eine gemeinsame Vision wirkt wie ein Magnet und hilft, die Tätigkeiten in eine Richtung auszurichten.

Eine Vision kann so ein machtvolles Instrument für ein Commitment zu einer ambitionierten Strategie sein.

Der Zeithorizont einer Vision ist deutlich größer als fünf Jahre, besser zehn Jahre. Eine inspirierende Vision vor Augen zu haben und gleichzeitig das Wissen über die gegenwärtige Realität lässt eine große und kreative Energie entstehen, die aus einer Vision mit der Zeit Wirklichkeit werden lassen kann.

Ein gutes und immer wieder gerne zitiertes Beispiel für eine Vision, die ungeahnte Kräfte freigesetzt hat, ist die Vision von J. F. Kennedy, der in seiner Antrittsrede als Präsident 1961 Folgendes sagte:

> *„Diese Nation sollte sich dem Ziel verpflichten, noch in diesem Jahrzehnt einen Menschen zum Mond und sicher wieder zurück zu bringen".*

Als Kennedy diese Vision verkündete, setzte er eine hitzige Diskussion in Gang. Zuerst hielt ein Teil der Wissenschaftler es für völlig unmöglich, in dieser kurzen Zeit – wenn überhaupt jemals – zum Mond zu gelangen. Ein anderer, größerer Teil der Wissenschaftler nahm die Vision an und vertrat den Standpunkt, dass es möglich sei – und setzte damit ungeahnte Kräfte frei. Der Rest der Geschichte ist bekannt.

Visionäre haben eine ganz klare Vorstellungskraft davon, wie etwas sein sollte, das noch nicht existiert. Wie soll Ihr Unternehmen sein, in zehn Jahren?

1.1.1 Ihre Unternehmensvision?

Ja, wie soll Ihr Unternehmen ausschauen in zehn Jahren? Stellen Sie sich die Zukunft vor. Stellen Sie sich doch einmal folgende acht Fragen:

1. In der Zukunft, wie sieht Ihr Unternehmen aus?
2. In der Zukunft, was steht in der Zeitung über Ihr Unternehmen?
3. In der Zukunft, wofür steht Ihr Unternehmen am Markt?
4. In der Zukunft, was sagen Ihre Kunden über Ihr Unternehmen?
5. In der Zukunft, was sagen Ihre Wettbewerber über Sie?
6. In der Zukunft, was sagen Ihre Mitarbeiter, Ihre Mitarbeiterinnen über Ihr Unternehmen?
7. In der Zukunft, wie arbeiten Sie als Führungsteam zusammen?
8. In der Zukunft, worauf sind Sie besonders stolz?

Wir wünschen Ihnen, dass Sie und Ihre Mitarbeiter die Antworten für Ihr Unternehmen auf diese Fragen kennen, denn nur so ist gemeinsames Denken und Handeln durch eine gemeinsame Sicht der Dinge möglich. Dieses so genannte „gemeinsame Geistige" wird mehr und mehr Erfolg entscheidend. Heute und noch mehr in Zukunft können Sie nur noch mit einem Team Gleichgesinnter erfolgreich sein. Mit einem Team, mit einem Unternehmen, in dem alle an einem Strang ziehen.

1.1.2 Ihre Vertriebsvision

Ihre Vertriebsvision sollte abgeleitet sein aus der Unternehmensvision. Leider gleichen sich viele Unternehmensvisionen wie ein Ei dem anderen. Denn oft werden Visionen primär für den Kunden formuliert. Sie ähneln eher auf Hochglanz polierten Werbeplakaten, als deutlich darzulegen, wie sich Ihr Unternehmen vom Wettbewerb unterscheidet.

Oft fehlen auch Aussagen, die eine Entwicklungsperspektive aufzeigen. Gerade die Mitarbeiterinnen und Mitarbeiter im Vertrieb aber müssen wissen, wo die Reise hingehen soll. Deshalb:

Entwickeln Sie, basierend auf der Unternehmensvision, eine spezielle Vertriebsvision, die die naturgemäß recht allgemeinen Aussagen der Unternehmensvision auf die spezielle Arbeit Ihrer Vertriebsorganisation überträgt.

Beispiele

Aus „Wir sind kundenorientiert, Marktführer und Systemanbieter" könnte z.B. werden: „Durch unsere Stellung als Marktführer werden wir bei jedem Individualsoftware-Projekt von über einer Million Euro in der Automobilbranche um ein Angebot gebeten." Oder auch: „Wir werden uns vom führenden Hersteller von Armaturenbrettern zum führenden Systemanbieter für Fahrzeuginterieur entwickeln."

Solche Aussagen können Vertriebsmitarbeitern als Bezugsrahmen für ihr Handeln dienen und sie darüber hinaus viele strategische Entscheidungen besser verstehen bzw. selbst besser treffen lassen. Wichtig ist, dass

- Ihre Vertriebsvision die Vision des Unternehmens unterstützt und
- Ihre Mitarbeiter hinter dieser speziellen Vertriebsvision stehen.

Entwickeln Sie deshalb Ihre Vertriebsvision mit möglichst vielen Beteiligten.

Entwickeln Sie sie mit Ihren Vertriebsmitarbeitern, Ihren Vertriebsführungskräften und überprüfen Sie später: Ist die Vision allen bekannt? Setzt sie Energie frei? „Macht" sie Ihre Vertriebsmitarbeiter auch „an"?

Die entscheidende Frage aber ist: Was hat der Kunde davon? Generieren Sie Mehrwert für Ihren Kunden statt nur zu produzieren und zu verkaufen? Wir hoffen schon.

- Kommt Ihr Kunde vor in Ihrer Vertriebsvision?
- Kommt Ihr Kunde vor in Ihrer Unternehmensvision?

Falls nicht, lesen Sie jetzt, wie Sie eine Vertriebsvision entwickeln, in der Ihr Kunde vorkommt.

1.2 Vertriebsanalyse

Bevor Sie nun aus Ihrer Vertriebsvision eine Vertriebsstrategie entwickeln, sollten Sie zunächst die Markt- und Unternehmenssituation gründlich analysieren – und zwar unter Berücksichtigung sämtlicher externer und interner Faktoren.

1.2.1 Die 13 wichtigsten Faktoren bei der Vertriebsanalyse

Aus unserer Sicht sind es im Wesentlichen 13 Faktoren, die es zu untersuchen gilt, und zwar:

Die fünf wichtigsten externen Faktoren:

1. Marktpotenzial,
2. Wettbewerb,
3. Absatzwege und Vertriebskanäle,
4. Kundenpotenzial,
5. Kundenbedürfnisse, Kundenzufriedenheit.

Faktoren zur internen Vertriebssituation:

6. Marktleistung,
7. Vertriebsorganisation,
8. Vertriebsprozesse,
9. Kundenkontakt,
10. personelle Ressourcen,
11. finanzielle Ressourcen,
12. Standort,
13. CRM – Customer Relationship Management.

1.2.2 Eigene Stärken

Zum Abschluss der Analyse sollten Sie sich nun auf Ihre Stärken konzentrieren. Ermitteln Sie Ihre Stärken über alle Bereiche hinweg:

- Wo sind wir anders als andere? Wo sind wir einzigartig?
- Was sind unsere Stärken? Wir haben Stärken!
- Welche Stärken können wir gezielt ausbauen? Welche Schwächen vernachlässigen?
- Wie können wir unsere Stärken kombinieren? Zu neuen Leistungen kombinieren?
- Welches ist unser individuelles, unverwechselbares Stärken- und Leistungsprofil?
- Wie können wir den Blick schärfen für neue Betätigungsfelder und Chancen?
- Was ist unser Erfolg versprechendstes Spezialgebiet?
- Welche Probleme unserer Kunden können wir mit unseren Stärken lösen?
- Wo können wir Erster sein, Marktführer werden?
- Was machen wir gut, was machen wir gerne und zugleich erfolgreich?
- Wo sind wir die Spezialisten?

1.3 Vertriebsstrategie

Kommen wir zur Vertriebsstrategie. Endlich, werden Sie sagen. Aber glauben Sie uns, nachdem Sie sich über Ihre Vision Gedanken gemacht haben und durch den – zugegeben aufwändigen – Analyseprozess gegangen sind, wird es leichter sein, die optimale Strategie zu entwickeln.

Wie stark denken und handeln wir strategisch?

1. *Arbeiten wir nach klar definierten Vertriebszielen, heruntergebrochen aus der Vertriebsvision?*
2. *Reagieren wir flexibel und gleichzeitig fokussiert auf Veränderungen der Rahmenbedingungen?*
3. *Verlieren wir nie unsere relativen Stärken und Erfolgspotenziale aus den Augen?*

4. Ist unser Informationsmanagement darauf ausgerichtet, was für uns wirklich Ziel führend wichtig ist?
5. Ist unsere klar definierte Zielgruppe immer Richtschnur für unsere Aktivitäten?
6. Machen wir uns häufig Gedanken über bessere Problemlösungen für unsere Zielgruppe?
7. Setzen wir neue Impulse etc. auch konsequent genug um, statt diese irgendwo abzulegen und zu vergessen?
8. Basiert unsere Entscheidungsfindung auf festgelegten Kriterien?
9. Haben wir in unserer Zeitplanung auch Luft für mittel- und langfristig wichtige Dinge eingeplant?
10. Reservieren wir uns regelmäßig strategische Planungszeit, um unsere gesamte Geschäftspolitik zu überprüfen?

Können Sie alle zehn Fragen mit „JA“ oder „fast immer“ beantworten? Dann herzlichen Glückwunsch! Wenn nein, sollten Sie dieses Kapitel lesen. Hier geht es um die Entwicklung Ihrer Vertriebsstrategie.

Was heißt eigentlich Vertriebsstrategie?

Der Begriff war in der Unternehmenswelt bis Anfang der 60er-Jahre des 20. Jahrhunderts noch weithin unbekannt. Erst 1964 wurde er von Peter Drucker in seinem Buch „Managing for Results“ eingeführt. Drucker forderte als Erster eine aktive Unternehmenspolitik, denn Ergebnisse entstehen nicht durch die Lösung von Problemen, sondern durch die Ausnutzung von Chancen. Die Alternative heißt: entweder Führen oder Scheitern. Manager müssen den „Trend zur Mittelmäßigkeit“ stoppen, Strategien überprüfen und anpassen, Ressourcen bündeln und nur die entscheidenden Chancen ergreifen.

Auch im Vertrieb gilt: Erfolg muss zuerst gedacht werden. Deshalb entwickeln oder prüfen Sie Ihre Vertriebsstrategie, sie ist die Richtschnur für zukünftige Entscheidungen.

Klassische Unternehmensziele sind

- langfristige Gewinnerzielung,
- Kundenbindung,
- Erhöhung des Deckungsbeitrags,
- Erhöhung des Marktanteils und
- Umsatzsteigerung.

Als die Top 5 der Unternehmensstrategien gelten

- Qualität,
- Technologie,
- Service,
- Kosten und
- Marktorientierung.

1.3.1 Ihr Spezialgebiet

Wenn Sie eine gründliche Analyse Ihrer internen und externen Faktoren durchgeführt und auch Ihre Stärken ermittelt haben (siehe 1.2.2), ist es ein Einfaches, Ihr Spezialgebiet herauszudestillieren. Was können Sie, was können Sie besser als andere, was können Sie am besten (für Ihre Kunden)?

- Sind es Ihre Produkte, die einzigartig sind?
- Ist es Ihre Dienstleistung, die einzigartig ist?
- Ist es die Art und Weise, wie Sie mit Ihren Kunden kommunizieren und/oder zusammenarbeiten?
- Sind es Ihre Mitarbeiter?
- Ist es Ihr Projekt-Know-how?
- Ist es das Zusammenspiel der Partner, Ihres Kompetenznetzwerks?
- Sind es Ihre eigenen Erfahrungen mit der Zielgruppe?
- Ist es der Service, den Sie bieten?
- Ist es Ihre Termintreue?
- Ist es Ihre Innovationsfähigkeit?
- Ist es Ihr Standort?
- Ist es Ihre Präsenz?
- Wo sind Sie die Nr. 1?
- Was ist Ihr konkretes Spezialgebiet? Wofür sind Sie die Experten? Dieses Spezialgebiet bildet die Basis für Ihre Strategie.

1.3.2 Ihre klar definierte Kernzielgruppe

Die Kernzielgruppe zu ermitteln ist der nächste Schritt.

- Welche ist Ihre Hauptzielgruppe?
- Welche sind Ihre Nebenzielgruppen 1 und 2?
- Was ist das größte Problem Ihrer Kernzielgruppe?

Nicht für abstrakte Geschäftsfelder, sondern für Menschen, sprich: Zielgruppen, sind Ihre Leistungen bestimmt. Nur über den intensiven Austausch mit Ihrer Zielgruppe können Sie Ihre Leistungen zu konkurrenzlosen Spitzenleistungen ausbauen. Und die konsequente Orientierung an einer Zielgruppe wird diesen Lernprozess bei Ihnen auslösen. Deshalb: Nur durch eine genaue Eingrenzung Ihrer Zielgruppe finden Sie Ihre passende Marktnische. Ihre Zielgruppe ist wichtiger als Ihre kapitalen Werte. Machen Sie sich das klar.

Deswegen: Ermitteln Sie die Zielgruppen hinter Ihrem Geschäftsfeld. Wer könnte das, was Sie besonders gut können, besonders gut gebrauchen? Welche Zielgruppe hat den dringendsten Bedarf für Ihr Spezialgebiet?

Bedenken Sie dabei nicht nur, dass die Kundensegmente immer kleiner werden, nein, die Kunden werden noch dazu auch immer flexibler. Konsumforscher wie Markus Diesler, Nordamerikas jüngster Professor für Marketing- und Konsumforschung, hat 2004 den Begriff des „heteromorphen Wesens“, des „heteromorphen Verbrauchers“ geprägt, der ständig im Wandel begriffen ist. Dank immer neuer Informationstechnologien ist er in der Lage permanent seine Position am Markt zu verändern. Er ist schneller und intelligenter als je zuvor. Er bewegt sich schneller und er verändert sich häufiger als je zuvor. Deswegen gilt mehr denn je: Kundenbesitz ist wichtiger als Produktbesitz – nur so können Sie auch morgen noch wissen, was Ihre Kunden brauchen. Kein Unternehmen kann heute auf allen Hochzeiten, sprich: bei allen Kunden gleichzeitig tanzen. Sie müssen mit Ihren speziellen Kunden verschmelzen.

Berücksichtigen Sie bei der Definition Ihrer Kernzielgruppe nicht nur harte Faktoren (Branche, Mitarbeiterzahl, Umsatz, Einkommen etc.), sondern vor allem auch weiche Faktoren.

Sind Ihre Kunden offen, modern, technikorientiert, innovativ, konservativ? Haben sie keine Zeit? Sind sie preisbewusst? Sind sie ergebnisorientiert? Legen sie Wert auf lange Beziehungen? etc. etc. etc.

Beispiele

1. Ein Kunde von uns, ein Finanzdienstleistungsvertrieb, hat seine Kernzielgruppe wie folgt neu definiert: Menschen, die viel Geld haben oder

verdienen, aber wenig Zeit haben, sich selbst darum zu kümmern. Überlegen Sie einmal: Was unterscheidet solch eine Zielgruppendefinition von dieser alten Definition: Gehobener Angestellter, Geschäftsführer oder Unternehmer, kein Beamter oder Arbeiter? Es sind weiche Faktoren, die hier den Ausschlag geben. Denn dieser Vertrieb hatte ermittelt, dass diese weichen Faktoren viel präziser die Zielgruppe beschreiben als harte Faktoren, wie angestellt, verdient mehr als 100 T Euro im Jahr etc. Diese Vertriebsorganisation konnte durch die neue, genauere Zielgruppendefinition sehr viel leichter Produkte und Dienstleistungen, sprich: Lösungen entwickeln, die für diese Kunden Zeit und Geld wert waren.
2. Ein Kunde von uns, Möbelhändler, sagte einmal, seine Zielgruppe seien Akademiker, vor allem Ärzte, Professoren und Anwälte, und zwar überwiegend Männer. Während er seine Vertriebsstrategie ausarbeitete, behielt er immer diese Zielgruppe vor Augen. Die Ergebnisse waren mäßig. Während unserer Beratung fragten wir, wer denn in der Regel den Erstkontakt herstellt zum Möbelhaus. Ob das wirklich die Professoren, Ärzte und Anwälte waren? Er meinte, nein, das seien deren Gattinnen. Ah, also ist seine Zielgruppe Arzt-, Professoren- und Anwaltsgattinnen, korrigierten wir. Er richtete seine Strategie daraufhin auf Frauen aus, machte seine Kundenzeitschrift zukünftig eher wie eine Frauenzeitschrift auf und seine Umsätze verdoppelten sich.

Brennendstes Problem der Zielgruppe

Wie sagte schon Altmeister Peter Drucker: Nicht Geld zu verdienen ist wesentliches Unternehmensziel („nicht nur falsch, sondern auch irrelevant"), sondern einen Kunden zu finden. „Er entscheidet darüber, was ein Unternehmen ist." Was ist Ihr Unternehmen? Ihr Vertrieb?

Unternehmen sind dazu da, Kunden zu finden. Unternehmen sind dazu da, Kundenprobleme zu lösen, und erst in zweiter Linie, um Kunden Produkte zu verkaufen. Jedes Produkt und jede Dienstleistung sollte beim Kunden ein Problem lösen.

Was ist das größte Problem Ihrer Kernzielgruppe?

Je besser Sie für dieses Problem Ihrer Zielgruppe eine Lösung finden, desto größer wird Ihr Erfolg sein. Übrigens, entscheidend ist dabei, welches Problem Ihre Zielgruppe für ihr wichtigstes hält und nicht welches Sie selbst dafür halten. Überlegen Sie sich also: Wie könnten Sie Ihren Nutzen für Ihre Zielgruppe steigern?

1. Definieren Sie Ihre Kernzielgruppe.

2. Versetzen Sie sich in die Lage Ihrer Zielgruppe und ergründen Sie, welche Probleme diese hat.
3. Spielen Sie in Gedanken die Entstehung, die Nutzung und Entsorgung Ihrer Leistung durch. Überlegen Sie, welche Probleme dabei auftauchen könnten.

1.3.3 Einzigartige Vertriebsstrategie

Werden Sie Problemlöser Nr. 1 für Ihre Zielgruppe.

Einzigartig? Sind Sie einzigartig? Was ist einzigartig an Ihrer Lösung? Haben Sie einen USP (unique selling proposition) bzw. ein Alleinstellungsmerkmal herausgearbeitet? Dieser USP ist der Schlüssel. Was macht Sie zu der Nr. 1 in Ihrer Zielgruppe? Wie können Sie Problemlöser Nr. 1 für Ihre Zielgruppe werden? Oder warum sind Sie Problemlöser Nr. 1 in Ihrer Zielgruppe? Hier gilt es, kreativ und innovativ zu werden.

Beispiele

1. *Ein Stahlbauer, der in Deutschland produziert und baut, bietet seinen Kunden neben Stahl zusätzlich Ingenieurdienstleistungen. Er hilft ihnen so, durch verbesserte Statik, innovative Planung etc. die Gesamtkosten des Stahlbaus niedriger zu machen, als wenn er mit herkömmlicher Planung den billigen Stahlbauer aus einem Niedriglohnland engagiert hätte.*

2. *Ein PU-Schaumhersteller (ein echtes Commodity-Produkt) führt Designs individueller Dosen für seine Kunden aus und stellt diese auch selbst her, um seinen Kunden die Möglichkeit geben zu können, sich im Markt abzugrenzen gegen den Wettbewerber, der genau den gleichen PU-Schaum verkauft.*

3. *Ein Autoverleiher bietet eine Mobilitätsoption für seine Kunden an: Sie mieten ein Auto und können es in München am Flughafen abgeben, fliegen nach Hamburg, nehmen sich dort ein Mietauto gleichen Typs und geben diesen Wagen in Frankfurt am Flughafen ab. Sie fliegen zurück nach München und steigen dort erneut in ein anderes Auto dieses Vermieters ein. Der Preis ist nur wenig höher als die Leasingrate des gleichen Modells, aber deutlich niedriger als die Summe einzelner Anmietungen der betreffenden Autos.*

4. *Die Firma Mobility Car Sharing aus der Schweiz geht noch einen Schritt weiter. Sie verkauft einen frei wählbaren Zugang zu einem bunt gemischten Fahrzeugpool. Die einzelnen Fahrzeuge mietet und zahlt man je nach Bedarf. Der Zukunftsforscher Mathias Horx bezeichnet so etwas als Lifestyle-Leasing und ein Geschäftsmodell der Zukunft.*
5. *Besonders originell ist folgendes Beispiel aus der Wirtschaftswoche vom September 2004: Die Absolventin Michelle Cox hat über 65 Spitzenmanager der größten und bekanntesten Unternehmen in Deutschland angeschrieben und hat sie gefragt: „Wie wird man CEO?" Ergebnis: Über 35 Manager schrieben zurück, die meisten persönlich. Auch eine einzigartige Strategie, um sich selbst zu verkaufen.*

Hier sieht man sehr schön, jede einzigartige Strategie funktioniert nur für die passende Person, die eine Vertriebsorganisation, das eine Unternehmen, und sie ist nicht duplizierbar. Deshalb entwickeln Sie Ihre Vertriebsstrategie. Ihre einzigartige Vertriebsstrategie. Verkaufen Sie Lösungen statt Produkte. Verkaufen Sie Dienstleistungen statt Produkte. Wir sind auf dem Weg in die Dienstleistungsgesellschaft. Der Markt und der Bedarf für Dienstleistungen wächst. Ganz im Gegensatz zum Produktmarkt, wo es meist gesättigte Märkte mit vergleichbaren Produkten gibt, die unter Preisdruck stehen.

Der Markt für Dienstleistungen dagegen ist sehr unterschiedlich, sehr segmentiert und damit eher profitabel, weil Sie kundenspezifische Dienstleistungen vermarkten können. Deshalb: Verkaufen Sie Ihrer Kernzielgruppe die beste (Ihre!) Lösung für deren brennendstes Problem.

Konzentrieren Sie sich auf diese Lösung?

Spitz statt breit ist eines der Vertriebsgeheimnisse.

- Konzentrieren Sie sich auf Ihre Zielgruppe.
- Konzentrieren Sie sich auf Ihr Spezialgebiet.
- Konzentrieren Sie sich auf Ihre Lösung.

Öffnen Sie damit die Türen bei Ihren Kunden. Dann erst machen Sie sich breit.

Übrigens, in einer Umfrage unter 170 Unternehmen hat die Firma Dr. Wieselhuber & Partner herausgefunden, dass Innovation, insbesondere Produktinnovation, ein häufig überschätzter Türöffner ist. Den entscheidenden Wettbewerbsvorteil sehen Unternehmen nämlich nicht in der Entwicklung neuer Produkte, sondern in der Innovation auf ganz anderen Feldern. Für 55 % der Unternehmenslenker heißt das, Prozesse neu zu entwickeln. Und für jeweils 48 % neue Wege im Vertrieb zu gehen oder neue Verfahren zu entwickeln.

Wir sagen, entwickeln Sie neue Lösungen: nämlich Ihren individuellen Türöffner.

Wachstumsstrategie: Einfach zum Ziel

Auch wenn Sie weiter wachsen wollen und dafür eine Strategie suchen, bleiben Sie bei Ihrer Kernkompetenz. Ein nach wie vor aktueller Trend ist der Wunsch nach weniger Komplexität. Weniger Produkte, ein schlankeres Produktportfolio schafft mehr Umsatz. Entscheidend sind bessere Lösungen. Künftig zählt vor allem Vertrauen. Dies sagte zumindest der Ex-ALDI-Manager Dieter Brandis in einem Gespräch mit der Zeitschrift Akquisa: „Je einfacher, desto besser, lautet bekanntlich meine Devise. Nicht Perfektion führt zum Erfolg, sondern Klarheit." „Nehmen Sie das 2003 eingeführte neue Preissystem der Bahn. Es war perfekt, aber zu komplex. Es hat nicht funktioniert und die Kunden haben es deshalb nicht angenommen."

Einfachheit ist eine Unternehmensphilosophie, die in allen Bereichen des Unternehmens zum Ausdruck kommen muss. Deswegen überlegen Sie: Könnten Sie durch eine Reduktion der Komplexität Ihre Positionierung Kunden gegenüber verdeutlichen und so der Problemlöser Nr. 1 Ihrer Zielgruppe werden?

Ist Ihre Vertriebsstrategie zukunftstauglich?

Ihre Strategie und Ihre Leistung können und müssen permanent verbessert werden. Die Konkurrenz schläft nicht und ist heute auf vielen Märkten so groß, dass Stillstand früher oder später Ihre Wettbewerbsfähigkeit einschränken wird.

Der zweite Grund ständig innovativ bleiben zu müssen ist, dass die Bedürfnisse und Probleme Ihrer Kunden sich ständig ändern. Da Sie aber beständig bester Problemlöser Ihrer Zielgruppe sein wollen, müssen Sie natürlich auch Ihre Leistung, Ihre Lösung anpassen. Innovation heißt deswegen vor allem auch: Leistungsanpassung und Leistungsverbesserung. Vergessen Sie dabei nicht:

Ihre Innovation muss sich immer am brennendsten Problem Ihrer Zielgruppe orientieren. Ändert sich das Problem, muss sich auch Ihre Problemlösung ändern!

Zukünftig wird mehr denn je gefragt sein, Geschäfte und nicht nur Produkte neu zu erfinden. Ja, nicht nur Geschäfte neu zu erfinden, sondern Geschäfte auch neu zu betreiben. Vertriebsleadership ist „One to one ownership". Man besitzt einen Kunden, weil man besser als andere in der Lage ist, in strategisch fokussierten Segmenten die spezifischen Probleme und Wünsche der Kunden zu bedienen, die spezifischen brennendsten Probleme der Kunden zu lösen.

1.3.4 Customeyes-Vertriebskultur

Ein Geschäft, bei dem nichts als Geld verdient wird, ist ein schlechtes Geschäft. Deshalb geht es nicht nur darum, Produkte zu verkaufen, deshalb geht es nicht nur darum, Lösungen zu verkaufen. Es geht darum: Wie stellen Sie Ihre Kunden zufrieden? Wie bringen Sie Ihren Kunden einen Nutzen? Wie sind Sie kundenorientiert? Wie sind Sie „customeyes"? Sehen Sie wirklich mit „customer's eyes"?

Nachfolgend die drei Stufen einer kundenorientierten Vertriebskultur:

Die 1. Stufe. Gut: Kundenzufriedenheit
Wir alle kennen die Wirkungen von Kundenzufriedenheit. In verschiedenen Studien, u.a. bei Armin Töpfer: „Kundenzufriedenheit messen und steigern", finden sich folgende Beispiele:

- 600 % teurer ist es, neue Kunden zu gewinnen als vorhandene zu halten.
- 300 % größer ist bei sehr zufriedenen Kunden die Wahrscheinlichkeit, dass sie nachbestellen, als bei nur zufriedenen Kunden.
- Fast 100 % ist die Wahrscheinlichkeit, dass sehr zufriedene Kunden zu den besten Werbeträgern des Unternehmens werden.
- 95 % der verärgerten Kunden bleiben dem Unternehmen treu, wenn das Problem innerhalb von 5 Tagen gelöst wird.
- 75 % der zu Wettbewerbern wechselnden Kunden stören sich an mangelnder Servicequalität.

- Nur 25 % der zu Wettbewerbern wechselnden Kunden stören sich an unzureichender Produktgüte oder zu hohen Preisen.
- Über 30 % der Gesamtkosten der untersuchten Dienstleister werden durch Nachbesserungsaufwand verursacht.
- Über 30 % des Jahresumsatzes gibt ein durchschnittliches befragtes Industrieunternehmen für die Wiedergutmachung von Fehlern aus.
- 7,25 % beträgt die Steigerung des ROI (Return on Invest), die jeder Prozentpunkt nachhaltig gesteigerter Kundenzufriedenheit bewirkt.

Und dabei ist es doch so einfach: Denn guter Service – Kundenzufriedenheit – ist eine Frage der Freundlichkeit. Und nicht eine Frage von ausgefallenen Angeboten. Das ist zumindest das Ergebnis einer Studie des Hamburger DTM-Teams. Die meisten der bundesweit 1.000 befragten Verbraucher werten es bereits als Zeichen von besonderem Kundenservice, wenn die Mitarbeiter eines Unternehmens einfach nur freundlich sind.

Die 2. Stufe. Besser: Echte Kundenorientierung

Kundenzufriedenheit ist gut, aber ich frage mich manchmal, warum fahre ich quer durch die ganze Stadt, und ich wohne in München, um zu meinem Friseur zu kommen? Warum fahren wir mit unserer Firma über 100 km, um in einem italienischen Restaurant unsere Weihnachtsfeier abzuhalten? Wo es im Umkreis von 5 km mindestens 30 andere italienische Restaurants gibt, hier in München?

Wie schaffen es diese Anbieter, uns zu bewegen? Sie sind kundenorientiert! Mein Friseur kennt mich, weiß, dass ich wenig Zeit habe, und hält deswegen die vereinbarten Termine pünktlich ein, und mein Espresso steht auch schon bereit. Und der Italiener? Pipo bietet einfach eine tolle Show. Wo sonst noch singt der Chef persönlich „O sole mio“? Dennoch habe ich meinen Friseur gerade gewechselt und unsere nächste Weihnachtsfeier wird auch woanders stattfinden. Warum?

Die 3. Stufe. Am besten: Customeyes

Es ist das bisschen mehr, das langfristig den Unterschied macht. Sie wollen noch besser sein als nur kundenorientiert. Und Ihre Kunden dauerhaft binden und „besitzen“. Sie wollen handeln, als würden Sie den

Kunden mit seinen Augen sehen. Als würden Sie aus den Augen Ihres Kunden sehen. Versetzen Sie sich in seine Lage, erspüren Sie seine Bedürfnisse.

Wie schaffen Sie es, Ihre Kunden so zu bedienen, als würden sie mit Ihrem Fachwissen in deren Situation die Entscheidungen treffen? Wir fragen uns im Vertrieb immer, wenn wir mit unserem Fachwissen in der Situation des Kunden wären, was würden wir tun? Würden wir uns von unserer Firma beraten lassen?

Customeyes ist mehr als Kundenorientierung. Es bedeutet: alle dienen dem Kunden.

Im B2B bedeutet dies: Alle helfen dem Kunden, dauerhaft bessere Geschäfte zu machen. Und allgemein gilt: Customeyes ist eine Philosophie, die das gesamte Unternehmen durchspannt.

Beispiele

1. *Der Chefredakteur einer neuen Zeitung im Tabloid-Format verkaufte zum Verkaufsstart seine Zeitung nicht nur an allen Kiosken und mit Straßenverkäufern, nein, außerdem hat er die Redakteure dafür gewonnen, zumindest in den ersten Monaten zweimal pro Woche ab 22.00 Uhr das Blatt eigenhändig in Frankfurter Kneipen zu verkaufen. Er selbst machte natürlich auch mit. So lernten die Redakteure Ihre Leser, also ihre Zielgruppe, richtig kennen.*

2. *Bei IKEA hilft auch der Geschäftsführer an der Kasse aus, falls es wirklich einen Engpass gibt zur Rushhour.*

3. *Das schönste Beispiel kommt aus Japan. Folgende Durchsage ist bei japanischen Busfahrern durchaus üblich: „Mögen die ehrenwerten Passagiere sich festhalten. Ich bremse jetzt, weil die Ampel rot ist." Vielleicht übertreibt der ehrenwerte Busfahrer ein wenig, zumindest aus unserer Sicht. Dennoch können wir von ihm lernen. Er denkt an das Wohl seiner Fahrgäste und er teilt es ihnen mit. Diese fühlen sich bei ihm aufgehoben, sie sehen, dass er sich für sie verantwortlich fühlt und dieser Verantwortung folgt. Hinter dieser zitierten Durchsage steckt eine Haltung, die Busfahrer und Fahrgäste zu einer vertrauensvollen Gemeinschaft verbindet. Dies ist gelebte Customeyes-Kultur.*

Wie erreichen Sie Customeyes?

Wahrhafte Customeyes-Vertriebe bieten an, wonach die Kunden suchen. Durch beständige Innovation, Kundenfeedback und den Einsatz von Wissen macht sich ihr Unternehmen unentbehrlich in ihrer Zielgruppe. Wahre „Customeyes-Vertriebskultur" erreichen Unternehmen aber nur, wenn alle Mitarbeiter mitziehen. Wie sie das schaffen?

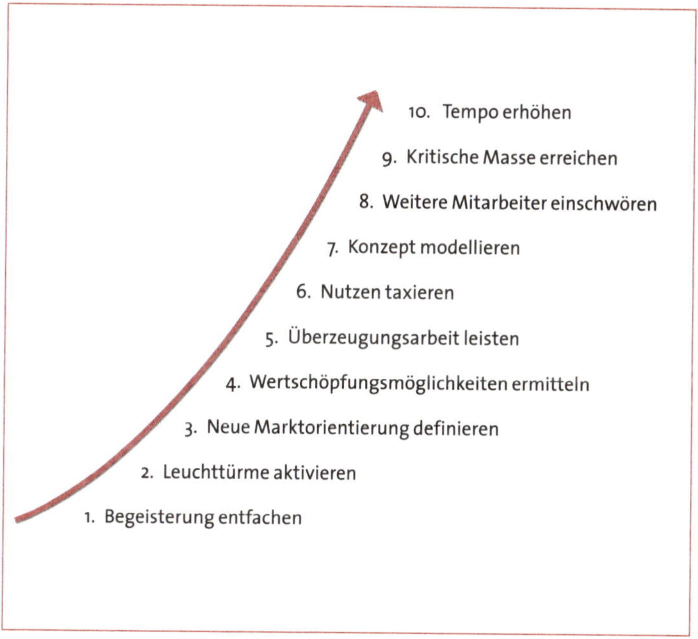

Abb. 1.1: Zehn Schritte in einer Customeyes-Vertriebskultur

Niemand würde behaupten, dass es leicht sei, in seinem Unternehmen eine wirklich Customeyes-Kultur aufzubauen. Aber das ist die einzige Möglichkeit die Konkurrenz hinter sich zu lassen. Das gilt gleichermaßen für Sie, wenn Sie Neues aus dem Nichts aufbauen und das Rampenlicht und den Wohlstand auf sich ziehen wollen, als auch für diejenigen Etablierten unter Ihnen, die nach wie vor mit kurzfristigen Taktiken und Strategien konkurrieren wollen oder müssen.

Aufgaben zur Selbstkontrolle

Frage
1. Welche Aussage benennt, was man unter einer Unternehmensvision versteht? a) Sie ist die Vorhersage der zukünftigten Entwicklung. b) Sie ist die konkrete Vorstellung von der zukünftigen Unternehmensentwicklung und die Basis für zielorientierte Maßnahmen. c) Sie beschreibt die nicht erfüllbaren Wünsche des Unternehmers in Abgrenzung zu den realistischen Zielen.
2. Welche drei wesentlichen Elemente sollten in einer Vertriebsvision enthalten sein?
3. Nennen Sie die fünf wichtigsten externen Faktoren für die Vertriebsanalyse. Nennen Sie möglichst viele Faktoren für die externe Vertriebsanalyse.
4. Auf welchen der folgenden Begriffe beruhen wesentliche Unternehmensstrategien? Anstreben der Führerschaft zu a) Qualität, b) Verpackung, c) Technologie, d) Sozialleistungen, e) Service, f) Kosten, g) Marktorientierung, h) Prämiensystem
5. Was versteht man unter „heteromorphen Verbrauchern" und was bedeutet dies für die Zielgruppen eines Unternehmens?
6. Was bedeutet USP?
7. Ist ein USP zwischen Unternehmen austauschbar? Antworten und begründen Sie.
8. Was meint „spitz statt breit" im Zusammenhang von Angeboten und Lösungen für Kunden?
9. Customeyes ... a) ist eine nach DIN genormte Vertriebsstrategie b) ist eine Vertriebskultur die sich an Kundenorientierung ausrichtet und darüber hinaus vorsieht, dass alle im Unternehmen dem Kunden dienen c) kann in jedem Unternehmen „verordnet" werden d) wird nur erreicht, wenn alle Mitarbeiter mitziehen

2 Vertriebsorganisation

Auf dem Weg zum optimalen Vertrieb steht nach erfolgreicher Ausarbeitung der Strategie die nächste wichtige grundsätzliche Entscheidung an: Mit welcher Vertriebsorganisation können Sie die gewählte Strategie am besten umsetzen? Dabei lohnt es sich, etwas Zeit in die Überlegungen zur Optimierung der Organisationsform zu investieren, denn in ineffizienten Organisationen werden zu viele Ressourcen verschwendet und Potenziale nicht gehoben.

Schlechte Organisationen kosten Geld. Je mehr Bürokratie Unternehmen zulassen, desto weniger profitabel sind sie. Je flexibler Unternehmen sich organisieren, desto besser verdienen sie. Prüfen Sie deshalb gründlich die für Ihre Ziele passende Organisationsform und strukturieren Sie bei Bedarf um oder neu.

Zu häufige Umstrukturierungen wiederum können zu absurden Situationen führen, die viel Umsatz kosten, beispielsweise zu jährlich wechselnden Betreuern für einen Kunden. Ein uns bekanntes Unternehmen hat binnen fünf Jahren jetzt die sechste Umstrukturierung hinter sich, und jedes Mal wechseln für bestimmte Kunden Ansprechpartner und zuständige Serviceorganisation. Trotzdem sollten Sie regelmäßig überprüfen, ob die eingesetzten Mittel und Wege noch die richtigen sind. In den vergangenen Jahren wurden z.B. durch das Internet und die boomenden Call-Center in vielen Branchen traditionelle Vertriebsstrukturen aufgebrochen und die Karten neu gemischt. Fazit:

Die passende Organisation ist wichtig, manchmal ist eine Neuorganisation also sinnvoll, aber übertreiben Sie es nicht.

Wenn Sie eine Organisation neu aufbauen, dann bedenken Sie, dass Sie über das Vertriebssystem und die Vertriebswege nicht jedes Jahr neu diskutieren können. Überlegen Sie sich Ihre Entscheidungen deshalb genau. In einigen Branchen gibt es darüber hinaus etablierte Vertriebsstrukturen (z.B. Mehrstufigkeit, Handel, Handwerk) die nicht ignoriert werden können. Ob Sie diese Strukturen nutzen wollen oder eben gerade nicht, das sollten Sie erst nach gründlicher Überlegung entscheiden.

Die Unternehmensberatung Booz Allen Hamilton ermittelte in einer aktuellen Studie, dass eine gesunde, konkurrenzfähige Organisation sich durch vier Schlüsselfaktoren auszeichnet:

- Struktur: Ebenen und Einheiten sind klar angelegt. Jeder im Unternehmen weiß, wofür er zuständig ist.

- Information: Information und Know-how fließen effizient und effektiv zwischen Einheiten und Ebenen.
  Der Unternehmenseigner bzw. das Topmanagement erkennt schnell wichtige Veränderungen im Wettbewerb dank guter Informationswege innerhalb der Organisation.

- Entscheidungskompetenz: Entscheidungsrechte sind klar abgegrenzt und über die Ebenen hinweg verteilt.
  Obere Führungskräfte mischen sich nicht in kleine Detailentscheidungen ein, sie stören keine Arbeitsabläufe und behindern ihre Mitarbeiter nicht.

- Motivation: Anreizsysteme sind auf die Ziele des Unternehmens abgestimmt.
  Flexible und variantenreiche Anreizsysteme sorgen für die richtige Motivation. Es wird nicht nur mit Geld versucht zu motivieren. Umfragen belegen, dass Unternehmen, die ihren Mitarbeitern Gestaltungsspielraum lassen, mit besonders starker Loyalität belohnt werden. Im Einzelnen dazu später noch mehr.

2.1 Die richtige Struktur

Ohne eine Organisation herrscht Chaos. Das Ziel einer funktionierenden Organisation ist also eine klare Struktur und damit eine Verbesserung des Unternehmens-, sprich: Vertriebserfolgs.

Wie sind die Ebenen und Einheiten in Ihrem Unternehmen angelegt? Berücksichtigen Sie dabei neben den harten auch immer die weichen Faktoren? Und vor allem auch Ihre Kunden? So kann ein Erfolgsfaktor einer Vertriebsorganisation z.B. in flachen Strukturen und einer größeren Spreizung im mittleren Management liegen. Ein anderer ist auch hier wieder die Kundensicht.

> *Ihre Organisation sollten Sie deshalb immer wieder auch aus Kundensicht betrachten. Denn letztendlich dient unsere Organisation seinem Erfolg.*

2.1.1. Unterteilung der Organisation

Wie unterteilen Sie die Organisation? Ist Ihre Organisationsstruktur auf Ihre Kundenstruktur abgestimmt? Es gibt verschiedene Möglichkeiten der Unterteilung:

Unterteilung nach Produkten/Produktgruppen
Sie haben die Möglichkeit, Ihre Vertriebsstruktur an den Produkten auszurichten, beispielsweise an den verschiedenen Produktsegmenten oder verschiedenen Marken. Handelt es sich um sehr erklärungsbedürftige Produkte oder komplexe Dienstleistungen, die nicht alle von einem Vertriebler beherrscht werden, dann kann es sinnvoll sein, verschiedene Produktspezialisten quasi nebeneinander Vertrieb machen zu lassen. Ein Nachteil ist dann, dass der Kunde unter Umständen von zwei oder mehr verschiedenen Verkäufern besucht wird. Zusätzlich fällt es meistens schwerer, einen ganzheitlichen Blick für die Kunden zu bekommen und übergreifende Umsatzpotenziale zu erkennen. Deshalb sollten Sie diese Vorgehensweise mit einem Teamsellingansatz kombinieren, bei dem ein kundenverantwortlicher Verkäufer den Einsatz von Spezialverkäufern koordiniert.

Der Vorteil einer Unterteilung nach Produkten liegt klar auf der Hand: Der einzelne Außendienstmitarbeiter benötigt weniger breites Produktwissen und kann so mehr Spezialwissen beherrschen.

> *Deshalb ist eine Produktgruppen-Struktur dort sinnvoll, wo wenig Synergien oder große Unterschiede zwischen den Produkten in Ihrem Sortiment bestehen.*

Unterteilung nach Regionen
Eine häufig vorzufindende Vertriebsstruktur ist die Gebietsaufteilung. Hier sind verschiedene Kriterien möglich, beispielsweise Postleitzahlen oder Ländergrenzen, auch entlang Autobahnen oder im internationalen Vertrieb die einzelnen Länder. Die Gebietsplanung sollte dabei immer ein kontinuierlicher Prozess sein, sie sollte der zukünftigen Geschäftsentwicklung dienen und somit vorausschauend sein, statt nur den aktuellen Bedürfnissen Rechnung zu tragen. Diese Organisationsform macht dann Sinn,

- wenn die Vertriebsmitarbeiter eine ausreichende Kompetenz für alle zugeordneten Kunden- und Produktsegmente haben,
- keine besonderen produkt- oder kundengruppenspezifischen Anforderungen bestehen
- oder keine Abhängigkeiten von anderen Kunden oder Zentralabteilungen, die außerhalb des eigenen Vertriebsgebietes liegen.

Auch hier sind die Vorteile offensichtlich: Die regionale Verwurzelung des Außendienstmitarbeiters erleichtert den Beziehungsaufbau und verringert den Reiseaufwand. Darüber hinaus lassen sich leicht klare Verantwortlichkeiten und Kommunikationsstrukturen definieren.

Doch auch die Nachteile bei dieser Strukturform können gravierend sein. So stellt sich beispielsweise die Frage, wer Großkunden (z.B. Siemens) oder Filialisten (z.B. Media Markt, Metro) betreut. Diese Unternehmen haben zwar einen zentralen Einkauf, doch die Filialeinkäufer vor Ort entscheiden über die Abnahme von gelisteten Waren sowie die Ordermengen.

> *Computergestützte Gebietsplanung kann eine Vielzahl von Planungs- und Optimierungskriterien gleichzeitig berücksichtigen, um ein ausgewogenes Verhältnis der einzelnen Vertriebsregionen zu erzielen. Sie ermöglicht bei genauer Kenntnis der Kundenstruktur und des Marktes eine flächendeckende Versorgung mit Vertriebsleistungen und ein systematisches Vertriebscontrolling.*

Man unterscheidet zwischen Landkartensoftware für Gebietsplanung oder Software für das Abbilden und Präsentieren der Gebiete mit Potenzialen. Ziel ist, die Anzahl bestehender und potentieller Kunden oder die Betreuungsintensität sowie Umsatz- und Absatzpotenziale verschiedener Produktgruppen sinnvoll zu verteilen. Standort und Kompetenz der Außendienstmitarbeiter sowie bestehende Kundenbeziehungen können ebenfalls einbezogen werden.

Generell muss bei der Anlage von Vertriebsgebieten die leichte Erreichbarkeit der Kunden sichergestellt werden. Digitale Landkarten sind dafür ideale Werkzeuge.

Ein weiterer Vorteil der softwaregestützten Gebietsplanung ist neben der Zeitersparnis die Möglichkeit zum systematischen Gebietscontrolling, das heißt: Die Kontrolle und Betreuung der Außendienstmitarbeiter bei der Erreichung der Absatzziele wird für Vertriebsleitung und Controlling deutlich einfacher. Potenzialbestimmungen und Umsatzprognosen auf Basis der Vertriebsstruktur sind die Grundlage für eine gerechte Gebietszuweisung und Beurteilung des Außendienstes. Soll-Ist-Vergleiche, räumliche und zeitliche Umsatzentwicklungen sowie Trendanalysen zeigen, ob die gesteckten Ziele erreicht wurden und wie sich der Markt zukünftig entwickeln wird. So lässt sich das Leistungsvermögen des Außendienstes analysieren und die Ursachen für Erfolge und Misserfolge im Vertrieb werden sichtbar. Die beste Voraussetzung, um die bestehenden Vertriebserfolge weiter zu optimieren.

Unterteilung nach Kundengruppen

Möchten Sie sich bei Ihrer Vertriebsstruktur am Kunden orientieren, gibt es wiederum unterschiedliche Möglichkeiten der Aufteilung, beispielsweise

- nach Privat-/Geschäftskunden,
- nach Umsatz,
- nach Branchen,
- nach vertikalen Funktionen (Händler, Planer, Handwerker, Endgebraucher),
- nach Klassen, oder simpel
- nach dem Grundsatz „first come, first serve".

Beispiele

Vertriebsbetreuung nach Kundengruppen

1. *Privatkunden werden über einzelne Filialen betreut, Geschäftskunden über spezielle Betreuer vor Ort, Industriekunden über die Zentrale.*
2. *Die Top-Umsatz- bzw. Ertragsbringer werden über Key-Account-Manager angesprochen, die übrigen Kunden über normalen Außendienst.*
3. *Eine Branchenunterteilung empfiehlt sich über Größe oder Eigenheiten der Branche. Ein Einsatz von Branchenspezialisten ist dann sinnvoll, wenn besonderes Branchen-Know-how erforderlich ist. Hier gibt es weniger Koordinierungsprobleme als beim Einsatz von Produktspezialisten, weil es kaum Überschneidungen bei den Kunden gibt.*

4. *Ihre Organisationsform im Vertrieb kann sich aber auch nach der vertikalen Stufe Ihrer potenziellen Kunden im Markt richten. Ein Kunde von uns, Hersteller u.a. von Parkettklebern, hat für die Großabnehmer eine Vertriebsorganisation, für die Objektplaner und Handwerker eine eigene andere und die Endverbraucher (Häuslebauer etc.) können den Kleber auch im Handel kaufen.*
5. *Für Ihr Produkt kann es auch sinnvoll sein, nach Kundenklassen zu unterteilen. Hier unterscheidet man z.B. Weiterverarbeiter und Direktverbraucher oder Großhändler und Direktkunden.*
6. *Das Prinzip „First come, first serve" kann Ehrgeiz und Motivation der Außendienstmitarbeiter entfachen, bedarf aber genauer Regeln und Kundenschutz für jeden Einzelnen. „First come, first serve" bedeutet, dass jeder Außendienstmitarbeiter möglichst viel Freiheit in der Kundenakquise hat und diese Kunden dann als „seine" betrachten kann. Sie werden in einer zentralen Datenbank gespeichert und „geschützt".*

Die Vorteile einer nach Kunden unterteilten Vertriebsstruktur: Die einzelnen Außendienstmitarbeiter kennen die Bedürfnisse ihrer Kunden aufgrund der homogenen Struktur besser und können sehr viel leichter aus Ihrem gesamten Angebot passende übergreifende Lösungen entwickeln. Allerdings ist die Abgrenzung nach den einzelnen Kriterien häufig schwierig und nicht eindeutig machbar, Streitereien zwischen den Vertriebskanälen daher häufiger.

Deshalb ist die Kunden-Strukturaufteilung mit möglichst klar zu unterscheidenden Kundengruppen (Branchen oder Klassen) zu empfehlen.

Unterteilung nach	Vorteil	Nachteil
Produkte / Produktgruppen	• weniger breites Produktwissen bei einzelnen AD-Mitarbeitern nötig • mehr Spezialwissen möglich	• Kunde hat u.U. mehrere Kontaktpersonen

Regionen	• *geringer Reiseaufwand* • *leichter Beziehungs-aufbau*	• *schwierige Betreuung von Großkunden und Filialisten*
Kundengruppen	• *genaue Kenntnis der Kundenbedürfnisse*	• *klare Abgrenzung schwierig* • *u.U. unterschiedliche Betreuungsqualität*

Auch eine Customeyes-Kultur lässt sich natürlich bei einer Aufteilung nach Kunden und dem daraus folgenden „one face to the customer"-Prinzip leichter umsetzen. Viele Firmen wandeln deshalb in jüngster Zeit Ihre Vertriebsorganisationen von einer produktorientierten in eine kundenorientierte Struktur um. Bei Hewlett Packard zum Beispiel gibt es keine getrennten Vertriebsgruppen mehr für Drucker und Server, sondern Teams für Konzerne und KMUs (kleine und mittelständische Unternehmen).

Exkurs: Das Key-Account-Management (KAM)
Schlüsselkunden sind im Wirtschaftsleben gleichzeitig ein sehr altes und sehr neues Phänomen. Kaufleute hatten schon immer besonders wichtige Kunden, die wesentlich zum Geschäftserfolg beitrugen. Hier galt oft das Pareto-Prinzip: Mit 20 Prozent der Kunden werden 80 Prozent des Umsatzes erzielt. Doch die systematische Pflege und Entwicklung dieses Kundensegments hat in Europa erst in den letzten Jahren unter dem Stichwort Key-Account-Management Fuß gefasst.

Beim Key-Account-Management gilt es fünf Erfolgsfaktoren zu beachten, die nachfolgend zu einer Übersicht zusammengestellt sind.

Erfolgsfaktoren für Key-Account-Management	
1. Win-Win als Ziel	*Eine Win-Win-Situation mit dem Kunden ist gerade bei Key-Accounts eine realistische Möglichkeit. Begreifen Sie intensivere Betreuung, die Partnerschaft mit dem Kunden, als Chance für beide Seiten.*

2. Professionelle Mitarbeiter	*Gute Mitarbeiter sind der wichtigste Erfolgsfaktor für den Erfolg von KAM. Deshalb muss Ihr Unternehmen kontinuierlich in das Training der Key-Account-Mitarbeiter investieren.*
3. Kontinuierliches Lernen	*Unternehmen, die nicht mehr an der Verbesserung ihres KAMs arbeiten, reduzieren unweigerlich ihre Umsatzpotenziale. Alle Top-Performer arbeiten trotz guter Leistung weiter an der Optimierung eigener Arbeitsabläufe.*
4. Zeitfaktor	*Obwohl auch schnelle Erfolge mit KAM möglich und erstrebenswert sind, liegt das eigentliche Potenzial in langfristiger Kundenentwicklung mit dem Ziel echter Partnerschaft.*
5. Integrierter Ansatz	*KAM ist ein komplexes Konzept und funktioniert umso erfolgreicher, desto stärker es in die Gesamt-Vertriebsstrategie des Unternehmens integriert ist. Isoliertes Vorgehen, beschränkte Zielsetzungen und kurzfristig orientiertes Key-Account-Management werden nur mittelmäßige Ergebnisse produzieren.*

Zur Integration des Key-Account-Managements in die Vertriebsorganisation gibt es prinzipiell drei verschiedene Ansätze:

a) Key-Accounts und „normale" Kunden werden von derselben Vertriebsmannschaft betreut.
b) Es gibt separate Key-Account-Verkäufer.
c) Der Verkaufs- oder die Regionalleiter übernehmen die Betreuung der Key-Accounts.

Nachfolgende Tabelle zeigt die Vor- und Nachteile dieser drei Ansätze.

Organisation	Vorteile	Nachteile
eine Vertriebsmannschaft für Key-Accounts und „normale" Kunden	• *leichte Integration*	• *alle Verkäufer müssen das spezielle KAM-Instrumentarium beherrschen* • *Gefahr der Vernachlässigung der Nicht-Key-Accounts*
spezielle Key-Account-Manager	• *Qualifikation leichter sicherzustellen* • *spezielle Maßnahmen leichter zu kommunizieren*	• *Zwei-Klassen-Organisation* • *umfangreiche Abstimmung zwischen Vertriebseinheiten* • *der „normale" Verkäufer muss u.U. Kunden abgeben, die er entwickelt hat*
Key-Account-Betreuung durch die Führungsebene	• *leichte Integration, da keine grundsätzlichen Veränderungen* • *spezielle Absprachen leichter durchzusetzen*	• *Mitarbeiterführung könnte vernachlässigt werden* • *u.U. Vernachlässigung der „normalen" Kunden im Verantwortungsbereich der Führungskraft*

2.1.2 Vertriebskanäle

Die beste Vertriebsstruktur ist nutzlos, wenn Sie nicht im für das Produkt und die Kunden passenden Vertriebskanal mündet. Auch hier finden sich wieder zahlreiche verschiedene Möglichkeiten.

Grundlagen
Bei der Festlegung der Vertriebswege sind vor allem Entscheidungen über

- Länge (direkter oder indirekter Vertrieb, Anzahl der eingeschalteten Absatzstufen),
- Tiefe (Anzahl der verschiedenen Typen von Verkaufsorganen bzw. Handelsbetrieben pro Absatzstufe) und

- Breite (Anzahl gleichartiger Verkaufsorgane bzw. Verkaufsstätten) zu treffen.

Bei den Vertriebskanälen unterscheidet man direkte und indirekte Kanäle.

Direkte Vertriebskanäle	*Indirekte Vertriebskanäle*
• *Internet, Katalog, Call-Center* • *Feste Vertriebsmitarbeiter* • *Handelsvertreter* • *Außendienst-Leasing* • *Spezielle Tochterfirmen als Vertriebsfirmen* • *Spezialfall: Kein eigentlicher Vertrieb, viele Mitarbeiter übernehmen „nebenbei" Vertrieb* • *Multi-Level-Marketing/Strukturvertrieb*	• *Franchising* • *Distributionspartner* • *Vertriebs-/Handelspartner* • *Netzwerke*

Direkte Vertriebskanäle

Als direkte Vertriebskanäle bezeichnet man die Vertriebswege, die direkt zum Kunden führen.

Kataloge, Internetseiten o. Ä. sind hauptsächlich im Channel-Mix als Ergänzung interessant und sollten in heutiger Zeit unbedingt beachtet werden. Hier liegt großes Markt- und Verbesserungspotenzial.

Kataloge, Internet etc. können aber auch als eigenes Geschäftsmodell bzw. Low-cost-Vertriebsidee genutzt werden. Ein gutes Beispiel für den klassischen Katalogvertrieb sind Quelle oder Otto.

Die gleiche Idee, nur im „neuzeitlichen" Internet-Format, dem E-Commerce, verfolgen beispielsweise der Internet-Buchhändler Amazon oder der Computer-Hersteller DELL. Und immer mehr Deutsche kaufen online ein, mittlerweile mehr als ein Drittel. Und über 40 % der Deutschen nutzen das Internet vor dem Einkauf, um sich zu informieren und Preise zu vergleichen (Stand 2004). Es ist also durchaus sinnvoll, auch in diesem Vertriebskanal vertreten zu sein.

Mobilfunk, sprich: M-Commerce, kann ebenso als neuer Vertriebskanal bisherige Multichannel-Strategien ergänzen. Doch nach den schlechten Erfahrungen mit der WAP-Technologie zögern viele Unternehmen im Moment noch mit dem Ausbau dieses Vertriebskanals, möglicherweise ändert sich das durch die flächendeckende Einführung von UMTS. Auch die immer größere Verbreitung der sog. Smartphones (einer Verschmelzung aus Handy und Organizer) könnte Ihnen hier neue Vertriebswege eröffnen.

Der klassische Vertrieb mit festen eigenen Mitarbeitern ermöglicht einen guten Durchgriff und eine leichte Steuerung. Er ist jedoch mit relativ hohen Fixkosten behaftet und nicht sehr flexibel.

Ein Vertrieb mit Handelsvertretern kann relativ schnell auf- und somit auch wieder abgebaut werden, hat aber den Nachteil, dass die Handelsvertreter in der Regel nicht exklusiv für ein Unternehmen bzw. Produkt zur Verfügung stehen.

Ein Einsatz von Handelsvertretern macht vor allem dann Sinn, wenn der mögliche Umsatz beziehungsweise Deckungsbeitrag einen eigenen Verkäufer nicht trägt.

Zusätzlich kann ein Handelsvertreter unter Umständen noch bestehende Kundenkontakte und Verwurzelung in der Branche in die Waagschale werfen. Bei Handelsvertretern ist es durchaus verhandelbar, dass sie exklusiv nur für Sie arbeiten, oder zumindest nicht auch noch für einen direkten Wettbewerber. Wenn er nur für Sie arbeitet, ist zwar die Konzentration auf Ihr Produkt gewährleistet, allerdings gibt es dann auch kaum mehr Kostenvorteile gegenüber dem eigenen Vertrieb und die Steuerungsmöglichkeiten sind insgesamt deutlich schlechter.

Eine relativ neue Dienstleistung im Vertrieb ist das Außendienst-Leasing. Das heißt, Sie mieten für ein bestimmtes Projekt ein Kontingent an Außendienstmitarbeitern bei einem externen Dienstleister. Dabei geht es in der Regel nicht um die komplette Auslagerung des Vertriebs, sondern es kann z.B. nur die Neukunden-Akquisition extern abgedeckt werden. Das Außendienst-Leasing kommt auch immer in Frage, wenn eine Firma zeitlich befristet zusätzliche Vollzeitverkäufer braucht, z.B. zur Markteinführung neuer Produkte oder zur Erschließung neuer Zielgruppen und -gebiete. Der externe Dienstleistungspartner übernimmt Vorbereitung, Durchführung und Controlling des Vorhabens. Ein Vorteil könnte sein, dass Ihre eigenen Außendienstler nicht dem Frust ausgesetzt werden, der mit der Neukunden-Akquisition und dem freudlosen „Klinkenputzen“ unvermeidlich verbunden ist.

So bietet es sich an, Kundenbetreuung und Kundengewinnung personell zu trennen und Letztere an Profi-Akquisiteure outzusourcen, die das „Aufreißen" neuer Kontakte besorgen. Die Bezahlung erfolgt in Form eines Fixums oder variabel durch Honorar je Kontakt, je Entscheidergespräch, je Angebot oder Auftrag. Es sollte jedoch nicht rein umsatzbezogen honoriert werden, da dann die Qualität darunter leiden könnte.

Die Einsätze rechnen sich immer dann, wenn erstens der Auftraggeber eine klare, zielgerichtete Aufgabenstellung vorgibt und zweitens die Vertriebsagentur die von ihr eingesetzten Leasing-Reisenden den Aufgaben konform auswählt, führt und ordentlich administriert.

Grundsätzlich ist Außendienst-Leasing in allen Branchen möglich, wobei ein Einsatz im Bereich hoch technisierter Produkte schwieriger sein wird als im Bereich von Massenprodukten.

Der Nachteil dabei: mögliche Konflikte im Verhältnis von eigenem und gemietetem Außendienst, mögliches Konkurrenzdenken, u.U. kurzfristig orientierte Kundenauswahl. Während Leasing-Vertriebsmitarbeiter die 100 Meter bis zum Abschluss immer wieder unter zehn Sekunden laufen müssen, sind die eigenen Außendienstler die Marathonläufer, die ihre Kunden langfristig betreuen.

Für den Vertrieb von geeigneten, speziell abgegrenzten Segmenten oder für spezielle Kundengruppen bietet sich auch die Gründung einer Tochtergesellschaft an. Beispielsweise im Ausland, für ein eigenes Produktsegment (z.B. Generika in der Pharmabranche) etc.

Kein Vertrieb im eigentlichen Sinne wird betrieben, wenn z.B. jeder Mitarbeiter, der Kundenkontakt hat, Augen und Ohren offen hält für ein neues Geschäft und neue Kunden. Bei möglichen Akquisitions-Chancen kann dann ein eigenes Akquisitions-Projekt gestartet werden.

Diese Methode funktioniert gut bei großen Angebotsprojekten und setzt voraus, dass viele Mitarbeiter in unterschiedlichen Bereichen beim Kunden bereits aktiv sind (z.B. Projektgeschäft, Softwareentwicklung, Beratung etc.). Auch können so Leerlaufzeiten im Projektgeschäft für die Akquisition genutzt werden. Die Nachteile liegen auf der Hand: Es agieren keine Vertriebsprofis, es ist kaum eine Kontinuität in der Akquisitionspipeline sicherzustellen und die Verantwortung für den Vertriebserfolg ist nur schwer zuzuordnen.

Wer sich in Deutschland für den Strukturvertrieb entscheidet, hat es nicht leicht: Diesem Absatzweg haftet ein zweifelhafter Ruf an, jedoch ist er weder unseriös noch illegal. Strukturvertrieb bietet sogar eine Reihe von Vorteilen: Unabhängigkeit vom Handel, geringe fixe Kosten für die Vertriebsorganisation, schnelle Marktpenetration und eine hohe Motivation der Mitarbeiter. Durch den direkten Kontakt zum Kunden erfährt das Unternehmen unmittelbar, welche Erwartungen an die Produkte gestellt werden. Der Kunde wiederum schätzt den bequemen Einkauf von zu Hause, die intensive Beratung und die Möglichkeit, die Ware vor dem Kauf auszuprobieren. Wie das auch in Deutschland erfolgreich gehen kann, zeigt z.B. Tupperware, Avon oder Pallas-Seminare.

Indirekte Vertriebskanäle

Manchmal empfiehlt es sich, im Kontakt zum Kunden eine Zwischenstufe einzuschalten. Gründe dafür könnten z.B. sein: schnellere Marktdurchdringung, weniger Kapitalbedarf/-bindung, externes Know-how, sei es für bestimmte Kundengruppen oder für bestimmte Vertriebswege etc. Wir sprechen dann von indirektem Vertrieb.

Franchising wird immer beliebter. Bekannte Unternehmen mit diesem Vertriebsmodell sind beispielsweise McDonald's, Obi, Body Shop oder Kieser Training. Franchising ist ein geeigneter Vertriebskanal, um schnell und kundennah Produkte und Dienstleistungen zu vertreiben und zusätzlich Mehrwert aus der eigenen Technologie, dem eigenen Wissen zu schöpfen. Zentrales Element ist dabei die Kooperation.

Die Chancen für den Franchisegeber	*Die Chancen für den Franchisenehmer*
• *direkter Marktzugang* • *schnelle Expansion* • *Stärkung der Wettbewerbsposition* • *relativ geringer Kapitaleinsatz*	• *professionelle Unterstützung* • *zentrale Schulung* • *Vermeiden von Fehlern* • *Know-how-Einkauf statt Eigenentwicklung*

Die Vorteile fasst Werner Kieser, Gründer der Kieser Training AG und Präsident des Schweizer Franchise Verbands, so zusammen:

„All das, was zu erreichen normalerweise ein Unternehmerleben lang dauert, erhält der Franchiseunternehmer unmittelbar zum Start: die eingeführte Marke, das kondensierte Know-how für den Aufbau und die Führung des Unternehmens sowie das Wissen, was in schwierigen Situationen zu tun oder nicht zu tun ist."

Für spezielle Märkte ist auch die Zusammenarbeit mit Distributionspartnern möglich. Hierbei denken wir an den klassischen Großhandel oder Logistikspezialisten, z.B. für Kühlgüter oder spezielle technische Artikel. Besonders in neuen Märkten oder bei stark zersplitterten Abnehmergruppen bietet sich dieses Vorgehen an, da der Distributionspartner in der Regel bereits über das nötige Wissen, die nötigen Kontakte und die Logistik verfügt. Die Nachteile liegen in der Preiskalkulation (eine Zwischenstufe mehr) und im schwierigeren Kontakt zum Endabnehmer oder Kunden, es ist ja noch ein Partner mehr dazwischen.

Als ein weiterer Vertriebsweg bieten sich Vertriebs- bzw. Handelspartner an, die bereits längere Zeit am Markt aktiv sind. Hier gilt Ähnliches wie bei den Distributionspartnern, Vorteile sind Know-how, etablierte Vertriebswege etc. Sie sind aber – ähnlich den Handelsvertretern – in der Regel nicht exklusiv für ein Unternehmen, ein Produkt tätig, mit all den damit verbundenen Nachteilen.

Abwägen von Vor- und Nachteilen der einzelnen Kanäle

Grundsätzlich gilt: Wenn Ihre Produkte nur einen kleinen Anteil am Einkaufsvolumen Ihrer Kunden ausmachen, kann es schwierig sein, eigene Vermarktungsaktivitäten zu entwickeln. Entweder ist Ihr Kunde nicht bereit, einen eigenständigen Einkaufsprozess für Ihren Artikel durchzuführen, oder die Kosten der direkten Kundenbearbeitung stehen für Sie in keinem vernünftigen Verhältnis zu den Erträgen. In solchen Fällen ist ein Vertrieb über Händler meist sinnvoller als beispielsweise ein eigener Außendienst.

Wenn Ihre Produkte in einem sehr engen Verwendungszusammenhang mit anderen Produkten stehen, man spricht dann von Sortimentsbindung, oder wenn eine umfangreiche regionale Lagerhaltung oder Distribution erforderlich ist, haben Sie mit Zwischenhändlern ebenfalls Vorteile.

Auf der anderen Seite stehen die Nachteile bei einem Vertrieb über den Handel. Da Händler in der Regel eine größere Anzahl von Produkten verkaufen, unternehmen sie kaum gezielte Vermarktungsaktivitäten für Ihr Produkt.

Mit einem eigenen Vertrieb ließe sich das Marktpotenzial meist besser ausschöpfen.

Sie als Hersteller können außerdem keine wirkliche direkte Kundenbeziehung aufbauen. Oft gibt es daher auch nur unzureichendes Feedback über Kundenanforderungen und -reaktionen. Außerdem müssen Sie beim Händler fast immer mit anderen Herstellern oder Anbietern ähnlicher oder gleicher Produkte um die Aufmerksamkeit konkurrieren. Nicht nur dem Kunden, sondern auch dem Händler und seinen Verkäufern gegenüber. Oft machen deshalb auch Mischformen Sinn, bei denen die Händler nur bestimmte Kundengruppen betreuen und andere Kunden von Ihnen direkt betreut werden.

Die wohl modernste Form der Vertriebszusammenarbeit ist das Netzwerk. Das heißt, Sie schließen sich mit anderen Unternehmen zusammen um speziellen Kunden oder Kundengruppen ein maßgeschneidertes Angebot machen zu können. Hierbei müssen keine engen Kooperationen geschlossen werden. Der Vorteil dabei: Man hat schnell motivierte Mitunternehmer an seiner Seite. Die allerdings auch schwer zu steuern sind. Und nicht unbedingt immer in Ihrem Sinne agieren.

Neue Vertriebskanäle erschließen

Die Märkte werden immer dynamischer und die aktuellen Wettbewerbsbedingungen erfordern zukünftig verstärkte Innovations- und Produktivitätssteigerungen auch im Vertrieb. Dabei ist in der Regel ein Höchstmaß an Flexibilität gefordert. Deshalb macht es Sinn, regelmäßig über die Erschließung neuer Vertriebskanäle nachzudenken.

Beispiel

Ein Messeservice-Unternehmen hat gemeinsam mit seinen Verkäufern seine CRM-Datenbank durchforstet und dabei festgestellt, dass viele der Kunden seiner Kunden potenzielle Abnehmer wären. Daraufhin hat man sich entschieden den geeigneten eigenen Kunden eine Handelspartnerschaft anzubieten – mit großem Erfolg.

Tipp für den Handel zum Vertrieb über das Internet

Ein zusätzlicher Internet-Vertriebskanal kann für die meisten Unternehmen bei der Erschließung neuer Kanäle klare Vorteile mit sich bringen. So zeigt eine aktuelle Studie des eec-handel („Multi-Channel-Effekte im Handel"), dass innerhalb eines Kaufprozesses die Informationskanäle häufig gewechselt werden. Die Effekte:

- 26,5 % der Befragten informierten sich vor einem Kauf im stationären Geschäft im Internet.
- Der Anteil im umgekehrten Fall – Information im stationären Geschäft, Kauf im Internet – beträgt 22,7 %.
- Aber nur 14,9 % des stationären Umsatzes werden auf der Website des ausgewählten Händlers vorbereitet.

Es ist davon auszugehen, dass einem Handelsunternehmen knapp 15 % des stationären Umsatzes entgehen, wenn es darauf verzichtet, einen Internet-Vertriebskanal zu betreiben.

Eine kundenorientierte Verknüpfung des Internets mit dem stationären Geschäft wird künftig für viele Unternehmen von steigender Bedeutung sein.

Ein weiterer Grund darüber nachzudenken, ob es sinnvoll wäre, neue Vertriebskanäle zu erschließen, kann die Einführung neuer oder zusätzlicher Produkte sein. Hier stellt sich regelmäßig die Frage, ob diese Produkte/Dienstleistungen über die bestehende Vertriebsschiene vermarktet werden oder ob ein separater Vertriebskanal aufgebaut werden soll.

Um die Fülle der Entscheidungskriterien zu berücksichtigen, hilft Ihnen nachstehende Übersicht.

Optimaler Vertriebskanal für neue Produkte/Dienstleistungen
Kriterien für einen gemeinsamen Vertrieb mit anderen Produkten
• *Ein vorhandener Bedarf für das neue Produkt muss lediglich erfüllt werden, bestehende Kunden werden im Rahmen der üblichen Besuchs-Termine angesprochen.*
• *Die Kunden für das neue Produkt und für die bereits vertriebenen sind weitgehend identisch.*
• *Der Kundenstamm ist bereits aufgebaut, das Umsatzziel kann durch Nutzung der bestehenden Kunden erreicht werden.*

- Neue und alte Produkte stehen in einem gewissen Verwendungszusammenhang.
- Für alte und neue Produkte sind die gleichen Ansprechpartner beim Kunden am Kaufentscheidungsprozess beteiligt.
- Der Kundenentscheidung liegen ähnliche Kaufentscheidungskriterien zugrunde wie für die alten Produkte.
- Der Verkaufsmitarbeiter kann sich auf einen praxisgetesteten Vertriebsprozess stützen (z.B. zur Neukundengewinnung).
- Das neue Produkt fördert das Image des Verkäufers, er engagiert sich gerne.
- Das neue Produkt kann im Entlohnungssystem ausreichend berücksichtigt werden.
- Erfolgserlebnisse werden sich schnell einstellen.
- Der Vertrieb ist noch nicht ausgelastet und Kapazitäten sind frei bzw. es müssen keine weiteren Kapazitäten geschaffen werden.

Kriterien für den Aufbau eines separaten Vertriebskanals

- Ein Bedarf für die neuen Produkte muss erst noch aufgebaut, ein separater Kundenstamm erschlossen werden.
- Die potenziellen Kunden sind zum großen Teil nicht identisch, die Verkäufer müssten sich auf ungewohntem Terrain bewegen.
- Zur Erreichung der Ziele muss der Kundenstamm noch um zahlreiche Unternehmen/Kunden ausgebaut werden.
- Die neuen Produkte werden eigenständig genutzt, die Kaufentscheidung wird unabhängig getroffen.
- Auch bei bestehenden Kunden müssen neue Ansprechpartner gefunden werden.
- Die Entscheidungskriterien der Kunden für die neuen Produkte sind anders als für die bisherigen.
- Erfahrungswerte für Außendienstmitarbeiter liegen noch nicht vor, Vorgehensweisen/Vertriebsprozesse müssen neu erarbeitet werden.
- Der Verkauf kann sich mit den neuen Produkten nur schwer identifizieren.
- Die Steuerungssysteme sind auf die anderen Produkte ausgerichtet oder können den zusätzlichen Aufwand nicht tragen.
- Hohe Investitionen in Vertriebskapazitäten sind erforderlich.

Generell gilt: Wenn Sie darüber nachdenken, neue Vertriebskanäle zu erschließen, beachten Sie Folgendes:

- Prüfen Sie, über welche Kanäle Ihr Produkt/Ihre Dienstleistung überhaupt vertrieben werden kann. Nicht jedes Produkt ist für jeden Kanal geeignet.
- Dann überlegen Sie, wie viele Vertriebspartner grundsätzlich sinnvoll sind.
- Wählen Sie anschließend die geeigneten Partner aus. Welche potenziellen Partner haben Zugang zu Ihrer Zielgruppe/Kernzielgruppe?
- Bevor das Ganze ausgerollt wird, machen Sie einen Test in einem begrenzten Gebiet.
- Überzeugen Sie parallel Ihre bisherigen Vertriebsmitarbeiter von dem Nutzen durch den neuen Vertriebskanal.
- Dann fehlen nur noch Durchhaltevermögen und Geduld, denn es kann durchaus etwas dauern, bis sich erste Erfolge einstellen.

2.1.3 Struktur der Aufbauorganisation

Nachdem wir die richtige Unterteilung des Vertriebes und die Vertriebskanäle betrachtet haben, analysieren wir nun den geeigneten Aufbau für Ihre Organisation, d. h. die geeignete Kombination von Kanälen und Unterteilung Ihres Vertriebs.

> *Die (im übertragenen Sinn zu verstehende) Basisformel lautet: Kunden x Produkte x Regionen = Vertriebskanal*

Die Ausgangsfragen lauten: Wie bauen Sie am Besten Ihre Organisation auf? Wer soll den Vertrieb für welche Kundengruppe übernehmen? Wie bekommen Sie eine effektive und effiziente Marktbearbeitung?

Ziel der Aufbauorganisation sollte die Optimierung der Vertriebswege-Kombination, also der Channel-Mix sein. Dabei kommt es auf die richtige Mischung aus kosten- und wirkungsoptimaler Vorgehensweise an.

Beispiel aus der Versicherungsbranche

Dieser Markt wandelt sich zurzeit rasant: internationale Konkurrenz, anspruchsvollere Kunden, Produktvielfalt etc. – um nur einige Stichworte zu nennen. In dieser verschärften Wettbewerbssituation setzte unser Kunde vor allem auf Innovation, Customeyes-Kultur und eine Multichannel-Vertriebsorganisation. Die Kunden dieser Versicherung können nun selbst entscheiden, ob und wie viel Beratung sie benötigen und welchen Vertriebsweg sie nutzen möchten. Es gibt z.B. das Internet für die preiswerte Kfz-Versicherung oder die persönliche Beratung durch einen qualifizierten hauseigenen Vertriebsmitarbeiter für das komplexere Vorsorgeangebot.

Eine Kombination zu schaffen, die die Stärken des einen Absatzkanals mit denen der anderen verbindet, das ist der entscheidende Erfolgsfaktor für eine effiziente Vertriebsaufbauorganisation.

Beispiele

1. *Wenn z.B. alle Produkte an unterschiedliche Kundengruppen in unterschiedlichen Regionen vertrieben werden sollen, empfiehlt sich die Auswahl verschiedener Kanäle für einzelne Kundengruppen bei regionaler Aufteilung.*
2. *Sollen aber unterschiedliche Produkte an unterschiedliche Kundengruppen in unterschiedlichen Regionen verkauft werden, bietet sich ein klassischer Flächenvertrieb an. Mit mehreren Kanälen für die verschiedenen Kundensegmente in jeder der einzelnen Regionen. Dabei sind dann viele Vertriebsmitarbeiter nebeneinander unterwegs.*
3. *Soll ein großflächiger Vertrieb mit allen Produkten für alle Kunden in allen Regionen aktiv sein, so kann das z.B. gut in einem Strukturvertrieb oder auch ganz ohne Segmentierung, dann aber mit Kundenschutz je Kunde, organisiert werden. Dabei genügt dann prinzipiell eine Verkaufsorganisation für alle Produkte weltweit.*

Diese Matrixvarianten lassen sich beliebig weiter durchdeklinieren. Sie merken schon, es gibt viele Varianten. Grundsätzlich sind natürlich auch verschiedene Kanäle in verschiedenen Segmenten möglich. Dabei können Sie die Top-Kunden persönlich betreuen, die übrigen Kunden betreuen Sie vielleicht über ein Call-Center. Oder Sie sprechen Privatkunden direkt an (z.B. in eigenen Shops), Business-Kunden dagegen über einen Partnervertrieb.

Grundsätzlich sind auch verschiedene Kanäle nebeneinander möglich. Also beispielsweise Franchise-Nehmer und eigene Shops, Handelspartner und eine eigene Vertriebsorganisation, oder Handel und gleichzeitiger Direktvertrieb. Kurz gesagt: Finden Sie Ihren Multi-Channel-Mix oder erweitern Sie Ihre Vertriebsaktivitäten in neue Kanäle (siehe Abschnitt „Neue Vertriebskanäle erschließen").

Aus all diesen verschiedenen Möglichkeiten mit ihren unterschiedlichen Voraussetzungen und Zielen liegt es nun an Ihnen, die für Ihr Unternehmen und Ihr Produkt bzw. Ihre Dienstleistung passende Variante auszuwählen.

Beachten Sie dabei bitte immer, dass neben der richtigen Struktur der Aufbauorganisation auch ein gesicherter Informationsfluss zwischen den Einheiten und Ebenen, klar verteilte Entscheidungskompetenzen und die Motivation der Vertriebsmitarbeiter gesichert sein müssen.

Anregungen und Stoff zum Überlegen sollen Ihnen die nachfolgend skizzierten vier Beispiele aus vier verschiedenen Branchen bieten, die unserer Beratungspraxis entnommen sind.

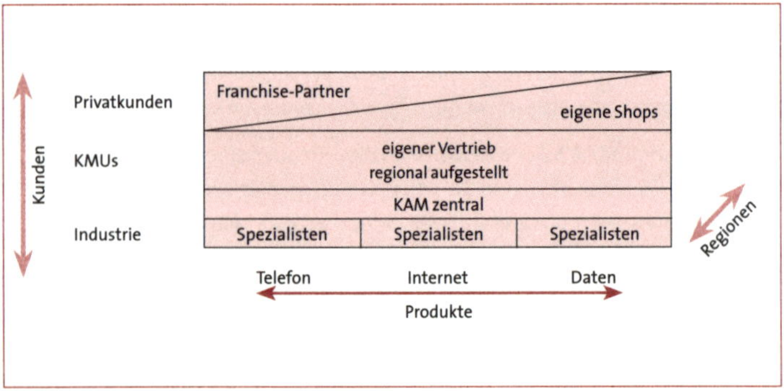

Abb. 2.1: Kommunikationsdienstleister

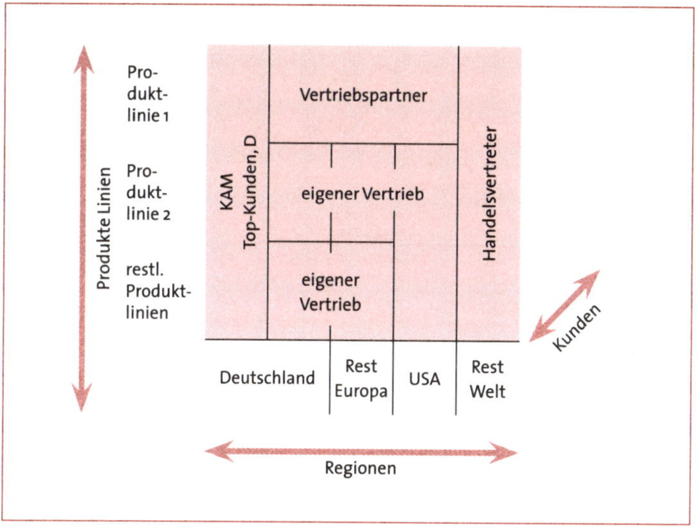

Abb. 2.2: Maschinenbau

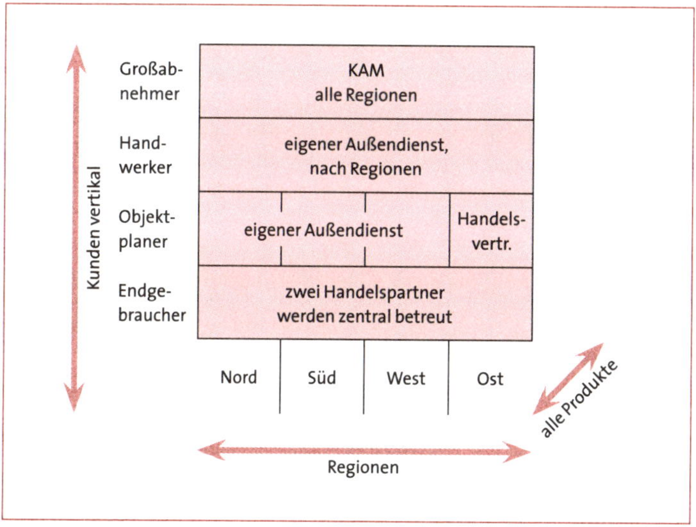

Abb. 2.3: Parkettkleber

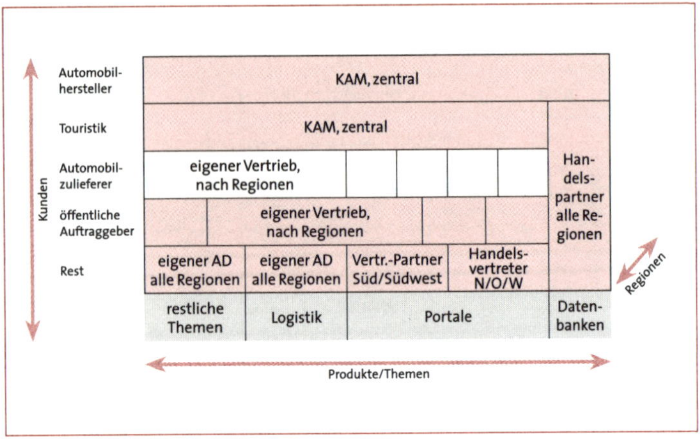

Abb. 2.4: Software

2.1.4 Detailstruktur

Nach der Festlegung der grundsätzlichen Organisationsstruktur muss noch die Detailstruktur ausgearbeitet werden. Damit ist zunächst die Aufteilung der verschiedenen Aufgaben – z.B. auch zwischen Innen- und Außendienst – gemeint. Jede Verkaufsfunktion hat spezifische Vor- und Nachteile, die Sie dabei berücksichtigen sollten. Viele Aufgaben lassen sich kostengünstiger von Innendienstfunktionen ausführen, ohne dass die Qualität leidet. Das können aber nur Sie in Ihrem konkreten Fall entscheiden.

Übersicht über die Vertriebsfunktionsträger mit ihren Stärken und Schwächen

Funktionen	Stärken	Schwächen
Key-Account-Manager	• spezielles Kunden-Wissen (deren Einsatz- und Absatzsituationen) • alle persönlichen Wirkungsebenen	• teuer • nur wenige Kunden • nah am Kunden, direktes, auch nonverbales Feedback wird aufgenommen

Regionaler Außendienstverkäufer	• alle persönlichen Wirkungsebenen • Demonstrationen, Vorführungen	• teuer • nur geringe Anzahl an Betreuungskunden • schlecht erreichbar • von EDV abgeschnitten
Innendienstverkäufer	• schnell • preiswert • viele Kundenkontakte per Telefon und Mail • immer online • schnelle Reaktionszeiten	• eingeschränkte Wirkungsebenen • keine Demonstration, Vorführung • kein direkter Kundenkontakt
Kundendienst-/ Anwendungstechniker	• hohes Fachwissen • Glaubwürdigkeit • viele direkte Kunden-Kontakte • alle persönlichen Wirkungsebenen	• evtl. soziale Unterschiede zu Entscheidern • wenig kaufmännische Kenntnisse • evtl. wenig Kommunikationsfähigkeit / wenig Vertriebs-Know-how
Merchandiser (Verkaufsförderer)	• gute Kenntnis der Kundensituationen • alle persönlichen Wirkungsdimensionen	• meist fehlende Fachkenntnisse über spezielle Produkte

Prüfen Sie bei einer Entscheidung, wie viel Zeit Ihren Außendienstmitarbeitern aufgrund Ihrer Organisationsstruktur bleibt, ihre eigentliche Aufgabe zu erledigen. Nicht dass es Ihnen geht wie einem uns bekannten Unternehmen: Nach Einsparung der Vertriebsassistentinnen zeigte eine Vertriebsanalyse auf, dass die Kundenbetreuer im Schnitt nur noch 8 % ihrer Zeit im aktiven Kontakt mit ihren Kunden waren. Das war etwas zu viel der guten schlanken Organisation, oder?

2.1.5 Innendienst-Organisation

Auch bei der Organisation des Innendienstes gibt es verschiedene Möglichkeiten der Zuordnung zwischen Kunden-, Außendienst und Innendienst. Hier die wichtigsten:

- Feste Teams: Die Zuordnung der Außen- und Innendienst-Mitarbeiter ist fest. Vorteil: Eingespielte Teams. Nachteil: Unterschiedlicher Arbeitsanfall kann nicht aufgefangen werden.
- Funktionale Teams: Innendienst aufgeteilt nach Funktionen, z.B. Auftragsbearbeitung, Auslieferung etc. Vorteil: Spezialisierung. Nachteil: Jeder Außendienst-Mitarbeiter hat mehrere Ansprechpartner; Prozesse und Schnittstellen müssen sauber definiert werden.
- Projektteams: Flexible Zuordnung der Mitarbeiter je nach aktuellem Projekt. Vorteil: Sehr flexibel; viel Abwechslung für die Mitarbeiter; Einsatz dort, wo die größte Wirkung nötig ist. Nachteil: Immer wieder neue Anlaufphasen; neue Eingewöhnung der Teams nötig.

2.1.6 Besonderheit: Vertriebsteams

Verkaufsarbeit ist immer auch Projektarbeit. Warum also den Vertrieb nicht unter Projektorganisations-Gesichtspunkten betrachten?

> ***Es ist überlegenswert, Vertriebsprojektteams zu bilden.***

Denn die Zukunft gehört nicht mehr der additiven Spartenorganisation, sondern dem Team-Verkauf – einem Akquisitions-Team aus Außen-, Innen und Kundendienst. Neben einem Maximum im Detail ein Optimum im Ganzen – das ist die Ökonomie des Verkaufsteams.

> ***Der Grundgedanke der Verkaufsteams: Jeder Außendienstmitarbeiter hat einen Partner im Innendienst und bildet gemeinsam mit Mitarbeitern des Kundendienstes ein Team.***

Bei Bedarf kann auch noch ein Techniker, ein Entwickler oder ein weiterer Fachmann hinzugezogen werden. So ergibt sich ein Team aus allen sinnvollen Bereichen, das flexibel, gewinnorientiert und hoch motiviert agiert und immer dicht am Kunden ist. Die Aufgabenverteilung wird so umgestellt, dass der Außendienst-Mitarbeiter von den Aufgaben freigestellt wird, die vom Schreibtisch des Innendienst-Verkäufers kostengünstiger erledigt werden können. Hierzu gehören beispielsweise Terminvereinbarung und Angebotsüberarbeitung, Kontrolle schwebender Angebote, Reklamationsbearbeitung, turnusmäßige Kontaktpflege und C-Kunden-Management. Dadurch erhält der Außendienst-Mitarbeiter mehr Zeit, um Bedarfe zu analysieren, neue Märkte zu suchen und um neue potenzielle Projekte aufzuspüren. Er kann vermehrt persönliche Kontakte zu Key-Accounts und High-Potentials pflegen und vieles mehr.

Darüber hinaus wird die vorhandene Marktnähe des Kundendienst-Mitarbeiters gezielt genutzt. Er wird nun auch häufiger Aufgaben des Innen- und Außendienstes im Bereich der Informationsbeschaffung und -bewertung übernehmen.

Damit Verkaufsteams effizient arbeiten können, müssen sie mehr Entscheidungsspielraum bekommen. Das bedeutet in der Praxis: Ziele werden mit dem Team vereinbart (z.B. angestrebte Marktposition). Die Wege der Zielerreichung werden den Mitarbeitern freigestellt. Das Team ist für die Qualität seiner Verkaufsstrategie selbst verantwortlich. Voraussetzung dafür ist eine fehlertolerante Organisationskultur, die hilft, Problemursachen zu suchen und nicht Schuldige. Damit erhalten Sie eigenverantwortliche Teams, die Fehler selbst und sofort vor Ort lösen und dort konsequent entscheiden.

Die Vorteile der Verkaufsteams

- Kundenwünsche werden aufgrund des intensiveren Informationsaustausches schneller und besser bearbeitet. Alles, was schneller ist, ist auch erfolgreicher.
- Die neue Aufgabenverteilung fördert das gegenseitige Verständnis im Team und bewirkt den Abbau von Vorurteilen und Vorbehalten. Jeder kann sich den Aufgaben widmen, für die er Spezialist ist. Die Zeiten, in denen der Innendienst und der Kundendienst „unproduktive" Abteilungen waren, sind vorbei. Jeder ist Markt- und Trendforscher, jeder ist Ökonom und verhält sich kosten- und ertragsbewusst. Informationen zwischen den Verkaufsregionen und der Zentrale werden durch moderne Kommunikationstechniken besser und schneller fließen. Innendienst und Außendienst können auf dieser Basis substanziellere Angebote machen und Entscheidungen fällen.
- Kundenreklamationen werden von jedem Mitglied der Arbeitsgruppe angenommen und gezielt bearbeitet, es muss nicht erst lange nachgeforscht werden, sondern jedes Kundenproblem kann meistens unmittelbar gelöst werden.

An diesen Punkten erkennen Sie ein funktionierendes Verkaufsteam

- *Jeder übernimmt Verantwortung für sich, steuert sein eigenes Verhalten und beteiligt sich an der Gruppensteuerung.*
- *Das Vertriebsziel ist klar definiert und wird von allen Beteiligten verstanden und akzeptiert. In der Arbeitsgruppe besteht eine klare und von jedem akzeptierte Rollen- und Aufgabenverteilung.*
- *Entscheidungen werden gemeinsam vorbereitet.*
- *Es wird zukunftsorientiert gesprochen: Statt zu sagen, was nicht geht, werden Lösungen und zukunftsweisende Vorschläge vorgetragen.*
- *Die Führungskraft ist nicht autoritär oder dominant; sie hat eine Vermittlerfunktion. Nicht das Prestige, sondern die Aufgabe und der Erfolg stehen im Vordergrund.*

Neben dem dauerhaften Verkaufsteam können auch sog. Angebots-Projektteams zusammengestellt werden. Dann werden nur größere Angebote wie Projekte gemanagt.

Die typischen Rollen und Verantwortungsbereiche im Angebotsprojekt

- Angebots-Management: Der Angebots-Manager ist verantwortlich für die termingerechte Fertigstellung und Qualitätssicherung des Angebots. Er hat die Funktion des Projektleiters. Er verteilt die Aufgaben, kontrolliert die Termine und Inhalte, bereitet Entscheidungen vor, kontrolliert die Kosten und ist gesamtverantwortlich für das Angebot.
- Verkaufs-Management: Der Kundenbetreuer ist für den vertrieblichen und konditionellen Teil des Angebotes verantwortlich. Seine Aufgabe ist, als Kundennahtstelle für das Herbeischaffen der nötigen Informationen zu sorgen und einen ständigen Soll-Ist-Abgleich mit dem Kunden zu machen. Seine Aufgabe umfasst auch die anschließende Präsentation beim Kunden.
- Technisches Management: Der Technische Manager ist für die Umsetzung der Kundenwünsche in eine technische Lösung zuständig. Als technischer Verantwortlicher steuert er maßgeblich den Angebotspreis sowie die Abwägung von Chancen und Risiken.
- Administrations-Management: Der Administrator sorgt für die notwendige Infrastruktur, verfolgt Terminlisten, offene Punkte und

ist verantwortlich für die Redaktion, das Layout, den Druck und die Vervielfältigung des Angebotes.

- Controlling: Der Controller prüft die wirtschaftliche Machbarkeit des Angebotes und des Auftrages. Er kalkuliert die kaufmännischen Bedingungen, unter denen der Auftrag im best/worst case durchgeführt werden kann. Außerdem hat er die Verantwortung für die rechtliche Bearbeitung der Vertragsinhalte.

2.2 Kommunikation und Informationsfluss

Kommunikation und Informationsfluss – zwei Schlagworte, die für viele Bereiche im Unternehmen, nicht nur im Vertrieb, wichtig sind. Eine erfolgreiche Vertriebsorganisation braucht einen effektiven und am Kunden orientierten Informationsfluss.

Selbstverständlich ist bei Ihnen die Kommunikation gut, sagen Sie? Selbstverständlich fließen Informationen! Damit haben Sie natürlich Recht: Es wird immer kommuniziert, es gibt immer einen Informationsfluss – und sei es nur der berüchtigte „Flurfunk". Wichtig ist allerdings, dass die Kommunikation gefördert wird und zwischen den einzelnen Einheiten und Ebenen abgestimmt ist.

2.2.1 Customeyes-Kommunikation

Zentraler Punkt effizienten Informationsmanagements und vor allem kundenorientierten Handelns ist eine abgestimmte und konsequent am Kunden orientierte Kommunikation, gerade auch innerhalb des Unternehmens. Die am Vertriebsprozess beteiligten Mitarbeiter und Einheiten, z.B. Außen- und Innendienst, Marketing, Technik etc., wirken alle auf den Kunden und müssen deshalb aufeinander abgestimmt werden. Einfach gesagt: Die Sekretärin, die den Anruf eines Kunden entgegennimmt, sollte die wichtigsten Informationen zu Produkten und Dienstleistungen ebenso parat haben wie der Vertriebsleiter.

Darüber hinaus ist eine ständige Abstimmung aller Mitarbeiter über die Kommunikationslinie gegenüber dem Kunden wichtig, damit eine Customeyes-Kultur auch gelebt und für den Kunden bei jedem Kontakt spürbar wird.

Dieser ständige Austausch ist wichtig, um die verschiedenen Schwerpunkte und Zielsetzungen der am Vertriebsprozess Beteiligten in Einklang zu bringen. Denn das Management ist vorrangig erfolgsorientiert, die Außendienstmitarbeiter emotional orientiert, der Controller orientiert sich an Fakten und der Vertriebsleiter bildet dazu die Schnittstelle.

Für die Customeyes-Kommunikation ist es zunächst wichtig, alle Mitarbeiter mit Kundenkontakt zu identifizieren. Fragen Sie sich dann, welches die für eine Customeyes-Kultur nötigen Informationen sind. Überlegen Sie dann, wie Sie die nötigen Informationen zentral bereitstellen bzw. einfach und schnell verteilen können (z.B. Datenbanken etc.) und vor allem: Wie organisieren Sie die ständige Aktualisierung und Pflege? Wir unterscheiden dabei Vertriebs- und Kunden-Know-how.

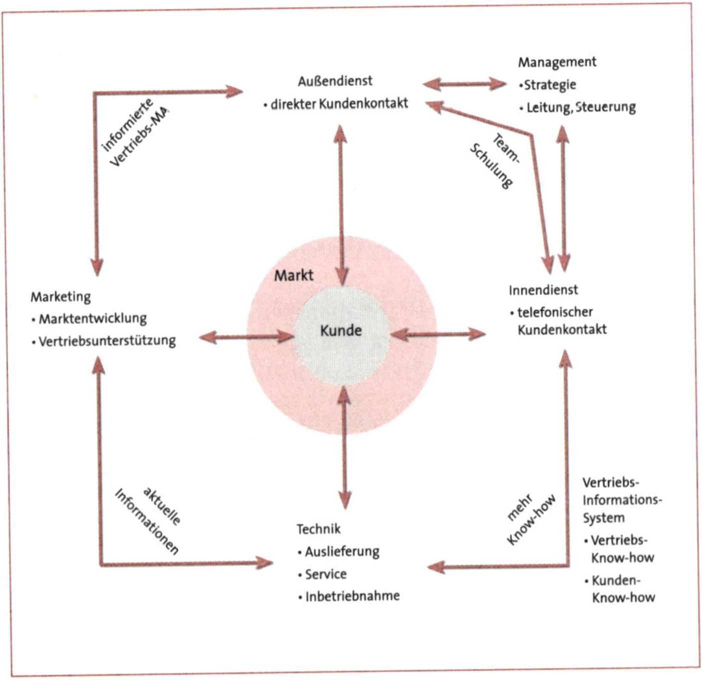

Abb. 2.5: Am Kunden orientierte Kommunikation

Vertriebs-Know-how

Sammeln Sie zunächst alle für den Verkauf nötigen Informationen und das Know-how, das unternehmensintern bei Ihren Mitarbeitern vorhanden ist. Sie werden überrascht sein! Das können u.a. sein:

- Fall-Studien,
- Erfolgsgeschichten,
- Argumentationsketten,
- wissenschaftliche Studien,
- technische Details,
- Referenzen,
- Präsentationen,
- Preislisten.

Kunden-Know-how

Nun zu den Informationen und dem Know-how, das bei Ihnen im Unternehmen über die Kunden vorhanden ist. Es ist immer wieder erstaunlich, an wie vielen verschiedenen Stellen Daten über den Kunden vorhanden sind.

- Die zentrale Kundendatenbank hat natürlich wichtige Informationen wie Name, Tel.-Nummer etc.
- Die Auftragsbearbeitung hat Daten über einzelne Aufträge, Preise und Konditionen.
- Der Service kennt die Fehlerhäufigkeit bei jedem einzelnen Kunden.
- Der Vertriebler hat von alle dem etwas, aber meistens nicht alles in seiner Kundenmappe und auf seinem Notebook.

Wie das besser geht, darauf werden wir im Kapitel 6 „CRM" noch gesondert und ausführlich eingehen.

2.2.2 Schnittstellen der internen Kommunikation

Wie bereits eingangs erwähnt, sind an der Kommunikation mit dem Kunden weit mehr Mitarbeiter beteiligt als nur der Außendienst.

> *Erstellen Sie eine Liste aller wichtigen Abteilungen und Mitarbeiter mit Kundenkontakt, betrachten Sie die Art der Zusammenarbeit und definieren Sie dann den Informationsbedarf und gestalten Sie danach den Informationsfluss!*

Schnittstelle Vertrieb

Beginnen Sie zunächst beim Kern des Vertriebs, dem Außendienst. Hier kann der Austausch der Mitarbeiter untereinander zur gegenseitigen Motivation der Einzelkämpfer auf der Straße beitragen.

So können z.B. Regionalmeetings, die weniger dem Controlling und mehr dem informellen Austausch oder z.B. dem Sammeln von Best-Practice-Beispielen dienen, den Informationsfluss zwischen Vertriebsmitarbeitern fördern.

Auch Mentoren oder Lerntandems und Motivationspartnerschaften helfen dem verbesserten Informationsfluss.

Schnittstelle Innen- und Außendienst

Hier kommt es regelmäßig zu Abstimmungsproblemen, weil die „weichen" Faktoren häufig außer Acht gelassen werden bzw. die unterschiedlichen Kulturen in den Abteilungen unterschätzt werden.

Beispiel

Stellen Sie sich Jäger und Bauern vor. Jäger (Außendienst) zeichnen sich durch klare Fokussierung aus: Kunden aufspüren und „gewinnen". Bei erfolgreicher Jagd (erreichtem Ziel) wird der Erfolg gefeiert. Bauern zeichnen sich durch die Bewältigung eines umfangreichen Tagewerks aus. Es müssen viele Aspekte beachtet werden. Der Erfolg ist oft nicht immer gleich sichtbar. Es wird weniger das Ergebnis beachtet. Die zu erledigende Arbeit steht im Vordergrund.

In unserer Beratungspraxis haben wir oft festgestellt, dass Vertriebsbereiche „Jäger-Kulturen" pflegen. Oft zählt der individuelle Erfolg. Demgegenüber stehen Innendienst und Verwaltung. Hier dominieren eher „Bauern-Kulturen". Kontinuität und Abarbeitung des Tagespensums stehen im Vordergrund. Einzelleistungen werden nicht besonders hervorgehoben. Wichtig ist, die Unterschiede zu erkennen und zu akzeptieren. Nur wenn die Bedürfnisse, die sich aus dem Arbeitsumfeld ergeben, von der jeweiligen anderen Kultur verstanden und die kulturellen Aspekte berücksichtigt werden, klappt erfolgreiche Zusammenarbeit.

Checkliste zur optimalen Zusammenarbeit zwischen Außen- und Innendienst

- Hat unser Außendienst feste Ansprechpartner im Innendienst?
- Verstehen sich unsere Innendienst-Mitarbeiter als „Verkäufer im Innendienst"?
- Ist unser Verkäufer im Innendienst so qualifiziert, dass er ab morgen einen eigenen Bezirk übernehmen könnte?
- Kennt unser Verkäufer im Innendienst die von ihm – gemeinsam mit dem Auendienst – betreuten Kunden auch persönlich?
- Sind die vom Außendienst und vom Innendienst betreuten Kundenkreise deckungsgleich?
- Wird der Außendienst von kostenintensiven Routinebesuchen durch die verkaufsaktive Einschaltung des Innendienst-Mitarbeiters entlastet?
- Trägt der Innendienst-Mitarbeiter gemeinsam mit dem Außendienst-Mitarbeiter die Umsatz-/Ertrags-Verantwortung?
- Herrscht eine intensive Kommunikation zwischen Innen- und Außendienst (permanent gleicher Informationsstand)?
- Sind Mitarbeiter im Innendienst und Außendienst-Mitarbeiter durch eine Profit-Center-Verantwortlichkeit verbunden?
- Gibt es eine Abstimmung der Besuchs- und Telefonkontakte zwischen beiden Mitarbeiterbereichen?
- Gibt es Vorbehalte des Verkaufs-Innendienstes gegenüber dem Außendienst und umgekehrt?
- Wird der Innendienst in Qualifizierungsmaßnahmen für den Außendienst eingebunden?
- Nimmt der Verkäufer im Innendienst regelmäßig an Außendienst-Besprechungen teil?
- Hat sich die Erkenntnis durchgesetzt, dass die Verkaufsverantwortung in Zukunft auf zwei Schultern ruht: dem Außendienstmitarbeiter und dem „Verkäufer im Innendienst"? Resultiert daraus, dass der Mitarbeiter im Innendienst – in entsprechender Reifephase – ca. 80 % der Durchschnittsbezüge eines Außendienst-Mitarbeiters verdient?
- Gibt es sowohl für den Innen- als auch für den Außendienst variable Entlohnungsbestandteile, die leistungs- und insbesondere erfolgsorientiert sind?
- Gewährleisten diese variablen Entlohnungssysteme, dass zwischen den beiden Mitarbeitergruppen eine absolute Interessen-Identität besteht?
- Gibt es Team-Prämien?

- *Existiert ein spezielles Personal-Entwicklungsprogramm für kompetente „Verkäufer im Innendienst"?*
- *Nehmen erfolgreiche Mitarbeiter im Innendienst an Incentive-Veranstaltungen des Außendienstes teil?*
- *Wird das Vertriebs-Controlling Impuls gebend für eine Selbststeuerung sowohl im Innen- als auch im Außendienst genutzt?*
- *Besteht ein konstruktives Führungs- und Leistungsklima in der Zusammenarbeit zwischen Außen- und Innendienst?*

Schnittstelle Marketing

Ein intensiver Austausch ist zwingend notwendig. Klären Sie Ihre Marketing-Kollegen genau über Ihre Vertriebsstrategie und -ziele auf. Erzählen Sie Ihnen alles über die besten Kunden und das Produkt bzw. die Dienstleistung. Nur dann kann das Marketing aktive Vertriebsunterstützung leisten. Das Ziel muss sein: Miteinander zum Erfolg des Unternehmens beizutragen, durch gemeinsame Umsetzung der Strategie.

Hier eine Reihe entscheidender Erfolgsfaktoren für einen optimalen Informationsfluss zwischen Marketing und Vertrieb:

- Ermitteln Sie als Vertrieb den Informationsbedarf des Marketings, damit das Marketing spezielle Maßnahmen zur Vertriebsunterstützung erarbeiten kann.
- Entwickeln Sie gemeinsam (!) Maßnahmen zur Umsetzung der Unternehmens- bzw. Vertriebsstrategie.
- Geben Sie als Marketing dem Vertrieb Feedback; er muss merken, dass seine Informationen wichtig sind und dass Sie sie berücksichtigten.
- Lösen Sie sich von Ihrem Führungsanspruch (gilt für beide). Holen Sie sich gegenseitig Rat, Informationen und Feedback.
- Gehen Sie häufiger gemeinsam zum Kunden.
- Installieren Sie eine gemeinsame Arbeits- und Informationsplattform.

Schnittstelle Technik (Auslieferung/Service/ Inbetriebnahme)

Die Auslieferung bzw. die Mitarbeiter der technischen Umsetzung, der Installation und Inbetriebnahme kommunizieren immer noch wenig mit dem Vertrieb. Sie fühlen sich häufig als die Gruppe im Unternehmen, die ausbaden muss, was der Vertrieb „Unmögliches" verkauft hat.

In modernen ergebnisorientierten Vertrieben gilt das oben für den Innendienst Gesagte analog auch für die Mitarbeiter der Inbetriebnahme.

- Binden Sie sie frühzeitig, bereits in der Angebotsphase, ein.
- Sorgen Sie für gute Kommunikation und stetigen Informationsfluss zwischen den beiden Bereichen. Und zwar in beide Richtungen.
- Geben Sie den Mitarbeitern der Inbetriebnahme Vertriebsziele, z.B. für Cross-Selling, Anschlussaufträge, Garantieverlängerungen oder Service-Level-Agreements (SLA).
- Auch Ihre Mitarbeiter der Inbetriebnahme sollten den Kunden Ihre Customeyes-Kultur spüren lassen.

Schnittstelle Entwicklung

Bleiben Sie im Dialog mit der Entwicklungsabteilung. Sie ist zum einen wichtiges Bindeglied zu Lieferanten und Zulieferern und zum anderen der richtige Ansprechpartner für Brainstormings zur Produktweiterentwicklung. Geben Sie regelmäßig Rückmeldung, welche zukünftigen Produktentwicklungen Kunden haben möchten, wo Kunden Schwachstellen im Produkt (Qualität, Funktionalität etc.) bzw. im Produktportfolio sehen. Geben Sie auch Rückmeldung, wenn Sie einen Auftrag wegen mangelnder Produktmerkmale verloren haben, hüten Sie sich aber davor, die Kollegen der Entwicklung dafür verantwortlich zu machen.

Halten Sie sich auch auf dem Laufenden über neue, zukünftige Produktentwicklungen. Wir wissen, Sie möchten Ihrem Kunden gerne immer das Beste verkaufen, warten Sie aber bitte nicht mit dem Verkaufen, bis die neue Version da ist, denn bis dahin ist schon wieder eine nächste geplant.

> *Bedenken Sie: Nur wenn Ihr Kunde heute kauft, kann er seinen Nutzen aus Ihrem Produkt oder Ihrer Dienstleistung ziehen.*

Schnittstelle Zulieferer und Lieferanten

Unterschätzen Sie nie die Bedeutung Ihrer Zulieferer und Lieferanten für Ihren Vertriebserfolg.

Beispiel: Toyota

Viele Unternehmen halten ihre Zulieferer und Partner auf Abstand und hüten eifersüchtig ihr innerbetriebliches Know-how. Ganz im Gegensatz dazu bezieht Toyota seine Zulieferer ein und fördert den Aufbau von Netzwerken, die den Austausch von Informationen erleichtern. Dabei hilft Toyota den Unternehmen bei der Überarbeitung und der Feinabstimmung ihrer Betriebsabläufe. Die Ergebnisse können sich sehen lassen: 14 % höhere Leistung je Mitarbeiter, 25 % niedrigere Lagerbestände und 50 % weniger Produktionsmängel als bei den Lieferungen an Wettbewerber von Toyota.

Diese Verbesserungen durch die enge Zusammenarbeit haben Toyota einen ansehnlichen Wettbewerbsvorteil eingebracht, sodass das Unternehmen unter Hinweis auf die höhere Qualität seiner Produkte deutlich höhere Preise erzielt.

Und wie ist das bei Ihnen? Wann hatten Ihre Vertriebler das letzte Mal Kontakt zu Ihren Zulieferern?

Schnittstelle Rechtsabteilung

Die Rechtsabteilung kann den Vertrieb in vielfältiger Weise unterstützen, u.a. bei der Angebotserstellung. Überlegen Sie sich, wie Sie den Informationsfluss hier sicherstellen und verbessern können.

Schnittstelle externe Normgremien

Unterschätzen Sie ebenfalls nicht die Lobbyarbeit. Sie ist zunächst zeitaufwändig, zahlt sich aber langfristig aus und dient der Zukunftssicherung. Oft werden in Normungsgremien wichtige Weichen für die Zukunft gestellt, denn dort werden z.B. die Industriestandards für morgen festgelegt. Sie sind doch dabei? Im Gremium? Im Markt der Zukunft?

Schnittstelle Wettbewerb

Und dann ist da noch der Wettbewerb. Warum sich nicht einmal mit einem Konkurrenz-Unternehmen zusammensetzen? Ein Erfahrungsaustausch nutzt jedem. Vielleicht schließen Sie sich auch einem Arbeitskreis an oder gründen einen für Ihre spezielle Branche – das ist nicht nur öffentlichkeitswirksam, sondern fördert auch den Erfolg der Branche und somit auch Ihren. Die Zukunft gehört der Partnerschaft!

Schnittstelle Kunde

Der wichtigste Dialog ist aber der mit dem Kunden. Ja, Sie alle sprechen selbstverständlich bereits mit Ihren Kunden. Aber wir meinen einen aktiven Informationsaustausch. Sprechen Sie Ihren Kunden an, fragen Sie aktiv nach seiner Zufriedenheit. Nehmen Sie Beschwerden oder Kritik ernst und sehen Sie diese als Chance für Produktverbesserungen. Hören Sie Ihrem Kunden wirklich zu – erkennen Sie seine Bedürfnisse und sehen Sie dies als Chance für Produktneuentwicklungen.

Beispiele

So hatte z.B. BMW ermittelt, dass die Fahrer seiner Autos am meisten durch das Einparken gestresst wurden. Deshalb entwickelte das Unternehmen eine Einparkhilfe. Die Kunden, stolz auf ihre Fahrkünste, wollten sich jedoch durch ein völlig automatisches System nicht in ihren Gefühlen verletzen lassen. Also installierte BMW kein komplettes System, sondern „nur" akustische Abstands-Signale.

Ein weiteres gutes Beispiel für kundenorientiertes Verhalten ist der Bekleidungsversandhändler Land's End. Er gibt seinen Kunden eine lebenslange Garantie. Die Retouren und Beschwerden der Kunden fließen direkt in die interne Produktentwicklung ein und helfen so, das Angebot ständig qualitativ zu verbessern.

Weitere Tipps zur Kommunikation mit Ihren Kunden bekommen Sie natürlich im gesamten weiteren Buch.

2.3 Entscheidungskompetenzen in der Organisation

Soll im Unternehmen die optimale Vertriebsorganisation reibungslos funktionieren, ist es wichtig, die Entscheidungskompetenzen richtig zu verteilen. Wie sind die Entscheidungsrechte bei Ihnen abgegrenzt und verteilt?

Geben Sie Ihren guten Verkäufern dabei genügend Spielraum, Informationen und vor allem Entscheidungsbefugnis für unternehmerisches Handeln! So können sie effektiv die Entwicklung dauerhaft werthaltiger Geschäfte steuern – in der konkreten Situation, wie in der Zukunft und der perspektivischen Durchdringung ihrer jeweiligen Gebiete. Nur wenn ein Verkäufer, eine Verkäuferin selbst entscheiden kann, entwickelt er/sie die benötigten Fähigkeiten und treibt sie – eigenverantwortlich – voran.

> ***Der unternehmerisch denkende und handelnde Vertriebler, den wir alle wollen, braucht auch die nötigen Freiheiten und unternehmerischen Rahmenbedingungen.***

Deshalb: Definieren Sie die Ziele, übernehmen Sie die Verantwortung dafür, und delegieren Sie die Verantwortung und die Entscheidungsbefugnisse für den Weg dorthin konsequent an Ihre Vertriebsmitarbeiter.

Abbildung 2.6 macht deutlich, in welchen Dimensionen entsprechender Entscheidungsspielraum bedeutsam ist.

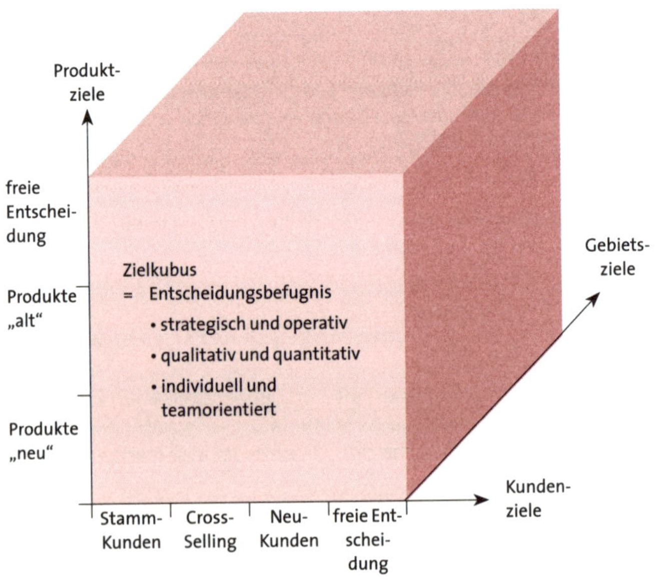

Abb. 2.6: Zielkubus – Entscheidungsspielraum des unternehmerischen Vertriebsmitarbeiters

Entscheidungen an der Schnittstelle Vertrieb – Innendienst

Dreh- und Angelpunkt für die Vertriebseffizienz ist auch hier die Schnittstelle zwischen Innen- und Außendienst. Obwohl alle formalisierten Abläufe so weit wie möglich zu vermeiden sind, muss diese Schnittstelle z.B. in Verbindung mit Angebots- und Auftragsbearbeitung sehr konkret definiert werden.

Für sämtliche Aufgaben im Vertriebsablauf sollten die Zuständigkeiten und vor allem die Entscheidungskompetenzen klar geregelt sein. Meistens ist alles, was über Termindisposition, Kundenbesuch mit Dokumentation, Angebotsbearbeitung, Auftragsbegleitung und Marktanalyse des eigenen Verkaufsgebietes hinausgeht, für den Außendienst zu viel.

2.4 Motivation durch Organisation

Ohne motivierte Vertriebsmitarbeiter keine guten Verkaufsergebnisse – das liegt auf der Hand. Deshalb sollten Sie durch Ihre Organisationsform die Motivation Ihrer Vertriebsmitarbeiter fördern und unterstützen. Können Sie in Ihrer Organisationsform mit jedem Mitarbeiter individuelle Karrierepläne erarbeiten und die Anreizsysteme mit den Zielen des Unternehmens abstimmen? Überlegen Sie sich auch, wie die Top-Verkäufer auf Dauer ihre Anerkennung bekommen können.

Geht es um Beförderungen, fragen Sie sich: Soll der beste Verkäufer Teamleiter und dann Verkaufsleiter werden oder besetzen Sie diese Posten eher mit der potenziell besten Führungskraft? Und wie argumentieren und kommunizieren Sie die jeweilige Entscheidung?

- Unterstützen oder überprüfen Ihre Stabsabteilungen die Vertriebsmitarbeiter?
- Führen Ihre Manager durch „Überzeugen und Einbinden" oder durch „Kommandieren und Kontrollieren"?
- Greifen Ihre Manager selbst in die operativen Tätigkeiten unterer Ebenen ein und behindern dadurch die Abläufe?

Prüfen Sie die Auswirkungen Ihrer neuen oder umgestalteten Organisationsform auf die Motivation Ihrer Mitarbeiter genau, bevor Sie sie einführen.

Beispiel: Softwarevertrieb

Karriere als „Rockstar"

Eine interessante Variante für Karrierewege im Vertrieb hat einer unserer Kunden entwickelt. „Rockstar oder Manager?" Diese Frage stellt der Vertriebsleiter Vertriebsmitarbeitern im Laufe Ihrer Karriere immer dann, wenn ein Karrieresprung ansteht.

Der Vertriebsleiter beobachtete schon zu Beginn seiner Vertriebskarriere, dass sich nicht jeder seiner Vertriebler zum Manager berufen fühlte. Statt zu führen, wollten sie lieber weiter verkaufen. „Einige waren regelrecht unglücklich, wenn ich angeboten habe, ihnen mehr Personalverantwortung zu übertragen", sagt er.

Die Lösung des Problems: Zwei unterschiedliche Karrierewege mit vergleichbaren Aufstiegsmöglichkeiten.

Die klassische Managementkarriere als Regional- oder Vertriebsleiter für die einen, die des „Rockstars" für die anderen. Deren Aufgabe: Immer alles infrage stellen. Und gegebenenfalls das eigene Werk zerstören.

2.5 Customeyes-Organisation

Ist unsere Ablauforganisation vom Kunden her gedacht? Der Kunde im Mittelpunkt ist zwar nichts Neues und wurde bereits seit Jahren und Jahrzehnten immer wieder als zentrales Thema angesehen. Doch wer hat sich daran gehalten? Noch konkreter: Wer hat es denn wirklich bisher gebraucht? Schneller, unerwarteter und grundsätzlicher, als wir alle glauben, hat der Trendbruch in Deutschland stattgefunden. Der Trendbruch von der Industriegesellschaft über die Informationsgesellschaft zur Wissensgesellschaft, in der nicht mehr Informationsvorsprünge entscheidend sind, sondern Wissensvorsprünge. Wissen ist bewertete Information!

Produkte werden keine Rolle mehr spielen. Was bleibt, ist: der Kunde, die Kundenbeziehung, die Kundenbindung und das Wissen darüber, was der Kunde will. Das Wissen wohlgemerkt, nicht die Information. Deshalb denken Sie über Anziehungskraft und Attraktivität, über Bequemlichkeit, Schnelligkeit und Service für den Kunden nach. Checken Sie Ihre Organisation aus Sicht der Kunden.

Organisieren und positionieren Sie sich als Kundenspezialist, der weiß, wie, wo und was man für den Kunden optimal produzieren oder leisten kann.

Sie besitzen damit Wissensmacht, weil Sie genau wissen, was in und mit der eigenen Kundengruppe passiert, da sie längst Bestandteil dieser Zielgruppe sind und mit den Augen des Kunden sehen. Sie brauchen dann auch weniger Werbung (oder sogar keine Werbung mehr), weil Sog entsteht und Ihnen durch Mund-zu-Mund-Propaganda Kunden zugeführt werden.

Versuchen Sie, ein Kunden-Netzwerk und ein Wissens-Netzwerk aufzubauen, binden Sie damit Ihre Kunden an sich.

Denn fast kein Produkt, keine Dienstleistung wird mehr gekauft, ohne dass man jemanden fragt: Kennst du nicht jemanden, der das und das liefert oder kann? Man verlässt sich kaum noch auf Werbung, Verkäuferaussagen, Fernsehspots und vollmundige Versprechen. Das persönliche Netzwerk ist viel verlässlicher. Netzwerke sind damit die Brücke, über die sich Kunden und Information zu Wissen verbinden lassen. Ihr Ziel sollte es sein, aktiver Bestandteil dieser Netzwerke zu werden. Denn nur als integrierter Bestandteil können Sie gestalten und überzeugen.

2.6 Vertriebsplan

Zum Abschluss Ihrer Planungen für eine kundenorientierte Vertriebsorganisation empfiehlt es sich, zur guten Übersicht und zur Erleichterung der Gesamtorganisation einen Vertriebsplan zu erstellen.

Er enthält

- die Ergebnisse der Situationsanalyse,
- die Ziele und
- die entwickelten Strategien.

Wir geben Ihnen hier einen exemplarischen Überblick über die wichtigsten Bestandteile des Vertriebsplans.

2.6.1 Organisationsplan

Dieser gibt Ihnen einen Überblick über Ihre in der Vertriebsorganisation geplanten Aktivitäten zur Verbesserung der Kundenbetreuung. Er enthält die Maßnahmen und Aktivitäten inkl. der Kosten, die notwendig sind, um sowohl die zentrale Kundenbetreuung als auch die Kundenbetreuung in der Fläche auch in Zukunft sicherzustellen. Beispielhaft könnte ein Organisationsplan nachfolgende Themen beinhalten:

- Art und Weise von Veränderungen in der Kundenbetreuung durch das Key-Account-Management,
- Benennung der Kunden, für die Kundenteams eingesetzt werden,
- Einsatzplanung von weiteren regionalen Key-Account-Managern,
- Veränderungen in der Zusammenarbeit zwischen Kunden und Innendienst,
- Einstellung weiterer Außendienstmitarbeiter, dadurch Verkleinerung der Verkaufsbezirke und Erhöhung der Besuchsfrequenzen bei bestimmten Kundenkreisen,
- Überprüfung der Tourenplanung und Zentralisierung beim Innendienst,
- Auswahl und Einsatz einer Sales-Service-Organisation zur Durchführung von Verkaufsförderungsaktivitäten,
- Kosten, Timing, Projektverantwortliche.

2.6.2 Personalplan

Dieser beleuchtet die quantitativen und qualitativen Mitarbeiterressourcen des Vertriebs und stellt notwendige Veränderungen dar. Er dient als Grundlage für Ihre Personal- und Recruiting-Planungen. Dazu gehören:

- Veränderungen im Personalbestand,
- notwendige Einstellungen von Mitarbeitern, Ausscheiden von Mitarbeitern, jeweils mit Begründung,
- Maßnahmen zur Einstellung und Einarbeitung neuer Mitarbeiter,
- Anforderungen an die Qualifikation von Mitarbeitern: Soll-Ist-Vergleich und notwendige Maßnahmen zur Soll-Erreichung,
- Urlaubsplanung/Vertretungsplanung,
- (Gehalts-)Kostenplan, Timing, Verantwortliche.

2.6.3 Kommunikationsplan

Er kann Ihnen helfen, die verschiedenen geplanten Kommunikationsformen aufeinander abzustimmen. Er berücksichtigt die Aspekte der Customeyes-Kommunikation, also beispielsweise:

- Aufzählung aller Mitarbeiter mit Kundenkontakt,
- Ort und Pflege der Informationsdatenbank,
- Ort und Pflege des Sales-Know-how,
- Ort und Pflege des Kunden-Know-how,
- sämtliche Schnittstellen der internen und externen Kommunikation,
- Maßnahmen zur Förderung von Partnerschaften,
- gemeinsame Kommunikationsplattformen mit Kunden und Lieferanten.

2.6.4 Motivations- und Förderungsplan

Dieser ist die Basis für motivierte Mitarbeiter, auch morgen noch. Er enthält konkrete Angaben darüber, wie die Mitarbeiter gefördert und unterstützt werden können bzw. sollen. Er beinhaltet folgende Themenkreise:

- Art der immateriellen Motivationsinstrumente, die im nächsten Geschäftsjahr eingesetzt werden,
- Angaben über Manager- oder Rockstar-Karrierewege,
- Umfang der materiellen Motivationsinstrumente wie Prämien, Provisionen, Sachpreise, Ausstattung der Arbeitsplätze und Anbindung dieser Instrumente an die Zielvorgaben für den Außendienst,
- Art und Inhalt von Trainings- und Schulungsmaßnahmen,
- Unterstützung der Mitarbeiter in Form von Salesfoldern, Produkten, Proben und Preislisten,
- Erprobung des Nutzens von elektronischen Verkaufshilfen,
- Erweiterungen/Veränderungen bei CAS/CRM-Systemen,
- Maßnahmen zur Erhöhung der Akzeptanz von CAS/CRM durch die Mitarbeiter,
- Kostenplan, Timing, Projektverantwortliche.

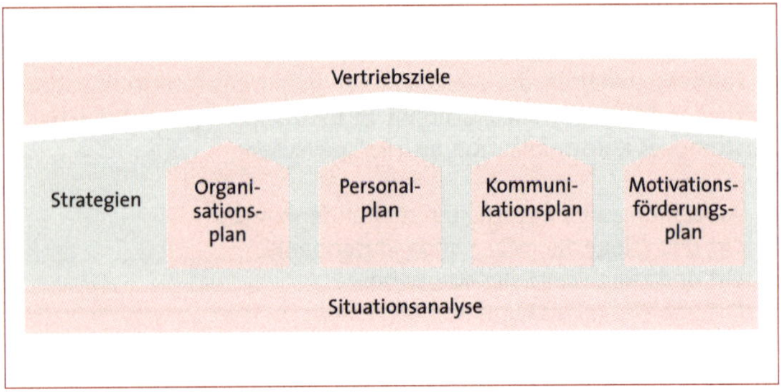

Abb. 2.7: Vertriebsplan

2.6.5 Erstellung des Vertriebsplans

Vorgehensweise in vier Schritten
1. Schritt: Zusammenstellung der Informationen
Hieran sollten alle Mitarbeiter im Vertrieb, insbesondere auch die Gebietsverkaufsleiter, ausgewählte Außendienstmitarbeiter und die Key-Account-Manager beteiligt werden.
2. Schritt: Situationsanalyse
Hierzu gehört eine Stärken/Schwächen/Risiken/Chancen-Analyse (SWOT-Analyse) und die Ableitung der Zieldefinitionen. Die Analyse kann durch die Vertriebsleitung selbst erfolgen. SWOT-Analyse und Ziele sollten einen gemeinsamen Konsens durch alle leitenden Mitarbeiter im Vertrieb haben.
3. Erstellung der erforderlichen einzelnen Bestandteile des Vertriebsplans
Hierfür sind die jeweiligen Key-Account-Manager und die Gebietsleiter in Abstimmung mit der Vertriebsleitung verantwortlich.
4. Aggregation zum Vertriebsplan
Aus den einzelnen Plänen ergeben sich die Anforderungen an die Vertriebsressourcenplanung. Dies sollte wieder in den Händen der Vertriebsleitung liegen.

Die Vertriebsleitung hat auch (zum Teil zusammen mit der Marketingabteilung) die Verantwortung dafür, Informationen über neue Projekte, wie Produkteinführungen oder besondere Werbemaßnahmen, in den Planungsprozess einzubringen.

Weiterhin muss die Vertriebsleitung den Rahmen für die Umsatz- und Ertragsziele, die sich aus der Gesamtunternehmensplanung ergeben, verbindlich bekannt geben.

Methoden der Vertriebsplanung

- Top-down-Ansatz: Das Top-Management gibt die Ziele und die Planungsgrößen vor, z.B. eine Umsatzsteigerung von 5 % gegenüber dem Vorjahr. Zur Planzielerreichung haben die einzelnen Abteilungen entsprechende Maßnahmen einzuleiten.
  Die Akzeptanz von Zielen, an deren Entwicklung man nicht beteiligt war, kann besonders dann gering sein, wenn die Ziele als nicht erreichbar eingeschätzt werden.
- Bottom-up-Ansatz: Hier plant der Vertriebsmitarbeiter vom einzelnen Kunden ausgehend seine möglichen Umsatzziele. Sie werden Stufe für Stufe in der Hierarchie überarbeitet und zusammengefasst, bis das Gesamtumsatzziel feststeht.
  Diese Methode ist aufwändiger und zeitintensiver und hat größere Abstimmungsprobleme als die Top-down-Methode. Es wird zudem so sein, dass Mitarbeiter eher niedrigere Ziele angeben, um diese auf alle Fälle zu erreichen. Eine kluge Steuerung von Provision und Prämien kann solchen Tendenzen jedoch entgegenwirken.
- Down-up-Ansatz: Um die Vorteile beider Ansätze zu verbinden, sollte die Vertriebsplanung als „Down-up“-Planung durchgeführt werden, also als „Gegenstromplanung“, an der möglichst viele Vertriebsmitarbeiter beteiligt sind. Dieses Vorgehen hilft, einen gemeinsamen Konsens herbeizuführen und die Mitarbeiter für die Erreichbarkeit der Ziele zu motivieren.

Aufgaben zur Selbstkontrolle

Frage
1. Notieren Sie die wesentlichen Kriterien, wonach eine Vertriebsstruktur gegliedert werden kann.
2. Key-Account-Management (KAM) a) ist ein statistisches Verfahren, b) meint die getrennte Betreuung der umsatzstärksten Kunden, c) meint die gezielte Betreuung der Kunden die die größten Potenziale bieten
3. Nennen Sie drei Organisationsformen für KAM!
4. Nach welchen drei Kriterien werden Vertriebswege bzw. Vertriebskanäle grundsätzlich unterschieden?
5. Welche der folgenden Formen sind direkte und welche sind indirekte Vertriebskanäle? a) Internet, b) fest angestellte eigene Vertriebsarbeiter, c) Franchising, d) freie Handelsvertreter, e) Tochterfirma als Vertriebsgesellschaft, f) externer Distributionspartner, g) Strukturvertrieb
6. Was zeichnet den indirekten Vertrieb primär aus?
7. Woraus ergibt sich die Anzahl notwendiger Vertriebskanäle?
8. Was ist der Channel-Mix und wie wird er gebildet?
9. Nennen Sie Beispiele für Vertriebsteams.
10. Welche Abteilungen müssen Schnittstellen zueinander für einen optimalen Informationsfluss haben?
11. Ordnen Sie die folgenden Begriffe und erstellen Sie daraus ein Schaubild, das den Aufbau eines Vertriebsplans darstellt: Motivationsförderungsplan, Personalplan, Vertriebsziele, Kommunikationsplan, Organisationsplan, Strategien, Situationsanalyse.
12. Ordnen Sie Methoden der Planung und Vorgehen einander zu: 1) Top down, 2) Bottom up; a) Geplant wird vom einzelnen Kunden ausgehend und dann zusammengefasst, b) Das Management gibt Planungsgrößen vor und daraus wird eine Aufteilung vorgenommen.

3 Vertriebsprozesse

Sie kennen Ihre Zielgruppe, Sie haben sich positioniert, Sie haben Ihre Organisation aufgebaut und jetzt sitzen Sie da und warten, bis Ihr Zielgruppenkunde eine Auftragsbestätigung faxt. Nein, so einfach ist es natürlich nicht, das wissen Sie und wir. In diesem Kapitel geht es deshalb um die operative Umsetzung der Strategie.

Ziel der Vertriebsprozesse ist es, erkannte, definierte und fokussierte Ertragspotenziale zukunftsoffen zu erschließen und wertbasiert auszuschöpfen. Oder verständlicher formuliert:

> *Welche Aktivitäten müssen wie oft und in welcher Intensität durchgeführt werden, damit Sie Ihre Vertriebsziele erreichen?*

Zu jeder dieser Prozess-Stufen lassen sich Zeitbedarfe ermitteln, Qualifikationsanforderungen beschreiben, Trainingsmodule konzipieren und unterstützende Hilfsmittel erarbeiten. Nur wenn Sie Ihre Vertriebsarbeit in Form solcher Vertriebsprozesse klar strukturieren und entsprechende Erfolgsquoten definieren, können Sie eine aussagekräftige Vertriebszielplanung durchführen und Ihren Vertrieb zielorientiert steuern.

3.1 Vertriebsprozesse identifizieren

Alle Vorgehensweisen, mit denen Ihr Unternehmen Kunden gewinnen will, besitzen ein identisches Grundmuster. Zuerst müssen die Zielkunden identifiziert werden, der nächste Schritt ist dann die Ansprache des Kunden, ein erster Gesprächstermin, Interesse wecken, Bedarf klären, Lösung präsentieren, Angebot erstellen und verhandeln. Wenn alles gut läuft, kauft der Kunde bei Ihnen.

Wie geht es dann weiter? Mit Kundenbindung bzw. Kundenausbau. Diese Struktur sieht etwas anders aus. Hier geht es dann um Kundenpflege, Kundenwertermittlung, Kundenbetreuung, partnerschaftliche Zusammenarbeit etc. Hier sind andere Aktivitäten erforderlich, um dieses andere Ziel zu erreichen. Wir unterscheiden daher immer mindestens zwei, manchmal auch vier oder mehr verschiedene Vertriebsprozesse:

1. Kundengewinnung: Ziel ist, Kunden zu gewinnen, und
2. Kundenausbau: Ziel ist, bestehende Kundenbeziehungen weiterzuentwickeln.

Wenn Sie es noch weiter verfeinern möchten:

3. Bestandskundengeschäft: Ziel dieses Prozesses ist das Generieren von Umsatz bei bestehenden Kunden. Je nach Verfeinerung werden Sie diese Verkaufschancen wie im Prozess Kundengewinnung bearbeiten oder aber einen separaten Prozess dafür definieren.
4. Kundenbindung: Hier ist das Ziel, bestehende Kunden zu halten. Der Unterschied zum Kundenausbauprozess könnte z.B. darin bestehen, dass er in einem anderen Vertriebskanal durchlaufen wird (z.B. im Call-Center).
5. Cross-Selling: Ziel dieses Prozesses ist das Platzieren neuer Produkte oder Produktgruppen bei bestehenden Kunden. Auch das könnte eine Verfeinerung des Kundenbindungsprozesses sein, wenn er bei Ihnen eine besondere Vorgehensweise erfordert. Es ist z.B. nach dem Zukauf einer neuen Produktlinie sinnvoll, um das Cross-Selling systematisch voranzutreiben.
6. Kundenrückgewinnung: Hier ist das Ziel die Rückgewinnung von verlorenen Kunden. Wenn Sie diese Zielgruppe (Ex-Kunden) ansprechen möchten, kann es sinnvoll sein, dafür den Prozess Kundengewinnung abzuwandeln, um den Vertriebsmitarbeitern systematische Erfolgshilfe an die Hand zu geben.
7. Partnergewinnung: Diese Abwandlung des Prozesses Kundengewinnung dient nicht der Gewinnung von Kunden, sondern von Vertriebspartnern. Oft ist hier ein anderes Vorgehen sinnvoll und damit ein anderer Prozess.

Wahrscheinlich müssen Sie die einzelnen Vertriebsprozesse für jeden Vertriebskanal anpassen oder auch abwandeln, um optimale Ergebnisse zu produzieren. Auch Multi-Channel-Prozesse sind denkbar (z.B. um den Kunden nach dem Besuch Ihrer Website weiter vom Außendienst betreuen zu lassen).

3.2 Einen Vertriebsprozess definieren

In der Regel benötigen wir für einen Abschluss mehrere Kontakte, Anrufe, Besuche etc. Diese Abfolge bezeichnen wir als Vertriebsprozess.

Sie benötigen einen Vertriebsprozess,

- um systematisch vorgehen zu können,
- damit die einzelnen Vertriebsmitarbeiter am Markt ähnlich agieren,
- damit „Best-practice-Lösungen" etabliert werden können und ein KVP (kontinuierlicher Verbesserungsprozess) stattfinden kann,
- um brachliegendes Erfolgspotenzial im Vertrieb zu heben.

Kurzum: Es geht darum, das Richtige in der richtigen Reihenfolge zu tun. Effektiv und effizient soll er sein, der Vertriebsprozess. Wichtig ist es, dabei den richtigen Mittelweg zu finden. Auf der einen Seite soll natürlich der Prozess so viel wie nötig definiert sein, um eine Basis für den Erfolg zu legen.

Auf der anderen Seite darf so wenig wie möglich fest vorgegeben sein, um die Kreativität und Individualität der Vertriebsmitarbeiter zu erhalten.

Wir empfehlen jede einzelne Verkaufschance in den Prozess einzuphasen. Es kann also durchaus sein, dass ein und derselbe Kunde mit verschiedenen potenziellen Aufträgen mehrfach, vielleicht sogar in verschiedenen Prozessen, vertreten ist.

3.2.1 Stufen der Vertriebsprozesse

Idealerweise erfassen und erklären Ihre strategischen Vertriebsprozesse die gesamte Lebenskurve eines Geschäftspartners. Idealerweise kann so jeder Kontakt zu jedem Zeitpunkt eindeutig einer bestimmten definierten Phase des Vertriebszyklus zugeordnet werden.

Typischerweise gehen alle Kunden zuerst mehr oder weniger über die gleichen Stufen, bis sie Kunde werden:

1. Bedarf erkennen,
2. Möglichkeiten evaluieren,
3. passende Lösung auswählen,
4. Angebot und Verhandlung sowie
5. Lieferung/Implementierung.

Ziel des Vertriebsprozesses ist sozusagen die Synchronisation von Kaufprozess (Kunde) und Verkaufsprozess (Verkäufer):

Vertriebsprozess	
aus Vertriebssicht	***aus Kundensicht***
• *Zielgruppe definieren* • *Geschäftsanbahnung* • *Bedarfsermittlung* • *Vorklärung* • *Angebotserstellung* • *Verhandlung* • *Auftragsmanagement* • *After-Sales-Betreuung* • *Kundenausbau*	• *Bedarf erkennen* • *Marktanalyse* • *Qualifizierung* • *Vorklärung* • *Angebotsprüfung* • *Verhandlung* • *Bestellmanagement* • *Nutzung* • *Lieferantenmanagement*

Typischerweise besteht ein Vertriebsprozess aus bis zu neun verschiedenen Stufen. Dies kann je nach Prozessziel und Feinheit des Prozesses, je nach Produkt und Dienstleistung, je nach Kundensegment und natürlich je nach Vertriebskanal variieren.

Konzentrieren wir uns zunächst auf die fünf typischen Stufen des Vertriebsprozesses „Kundengewinnung“. Nach diesem Prozess können auch Vertriebschancen bei bestehenden Kunden bearbeitet werden. Diese potenziellen Aufträge werden dann entsprechend direkt in Stufe 2 oder 3 eingestellt.

Stufen eines Vertriebsprozesses – 1. Teilprozess: Kundengewinnung
Stufe 0: Adresse
In dieser Stufe befinden sich alle potenziellen Kundenadressen, meist noch passiv geparkt.
Stufe 1: Kontakt
Hier in dieser Stufe finden sich alle qualifizierten Adressen wieder. Darin findet der Erstkontakt statt. In der Regel ist dies ein Brief, ein Telefonat und dann ein erstes Gespräch.
Stufe 2: Interessent
In dieser Stufe finden sich alle Kontakte mit qualifiziertem Interesse wieder.
Stufe 3: Konzeptkunde
In dieser Stufe finden sich alle Interessenten mit qualifiziertem Bedarf wieder. Qualifizierter Bedarf bedeutet in diesem Zusammenhang: *1. Der Kunde hat einen Bedarf.* *2. Wir können diesen Bedarf decken.*

3. Der Bedarf soll jetzt gedeckt werden. *Wir bezeichnen Interessenten ab Stufe 3 bewusst als Kunden. Think positive!*
Stufe 4: Angebotskunde
In dieser Stufe finden sich alle Verkaufschancen aus Stufe 3 wieder, bei denen eine qualifizierte Abschlusschance besteht. Wir unterscheiden hier bewusst zwischen Konzeptphase und Angebotsphase, da wir die Erfahrung gemacht haben, dass es Sinn macht, dass Sie Bedarf und Lösung möglichst lange und intensiv abgleichen und auch bereits Position gegen die Wettbewerber beziehen, bevor Sie ein konkretes Angebot abgeben.

Haben Sie den Auftrag gewonnen oder ausnahmsweise verloren, ist der Vertriebsprozess Kundengewinnung beendet. Der Kunde – nicht mehr die Verkaufschance – wird dann in der Regel nach dem Prozess Kundenausbau betreut, siehe Übersicht auf der folgenden Seite. In diesem Entwicklungsprozess ist jeder Kunde jetzt nur noch einmal vertreten.

Vielleicht fragen Sie sich, warum wir in Stufe 5 einen zweiten Prozess begonnen haben? Zum einen sind das formale Gründe: Im Prozess Kundengewinnung wird die Entwicklung von Verkaufschancen bis hin zum Abschluss beschrieben. Im Prozess Kundenausbau werden hingegen Kunden entwickelt, vom Erstkäufer bis zum Partner.

Zum anderen sollen diese beiden Prozesse auch verdeutlichen, dass die Aufgabe eines Vertriebsmitarbeiters eben auch zweigeteilt ist: Umsatz machen und Kunden binden. Beide Prozesse erfordern unterschiedliche Aktivitäten.

Stufen eines Vertriebsprozesses – 2. Teilprozess: Kundenausbau
Stufe 5: Kunde
Hier finden sich alle gewonnenen Kunden wieder. Das sind alle mit gewonnenen Vertriebschancen aus Stufe 4.
Stufe 6: Zufriedener Kunde
Wir unterscheiden diese Stufe bewusst, um Einmalkunden und dauerhafte Kunden unterscheiden zu können.
Stufe 7: Telling Customer (aktiver Empfehlungsgeber)
Dies soll symbolisieren, dass die Arbeit des Vertriebs noch nicht beendet ist, wenn der Kunde zufrieden ist. Nein, wir wollen mehr. Wir wollen, dass unser Kunde positiv über uns spricht, ein loyaler Kunde bleibt und uns aktiv weiterempfiehlt.

Stufe 8: Partner
Unser Customeyes-Konzept sieht diese (anderwärtig nicht immer üblich) weitere Stufe vor. Denn Sie sollen eine Partnerschaft mit Ihren Top-Kunden eingehen. Sie sollen kooperieren und in Netzwerken mit Ihren Kunden zusammenarbeiten.

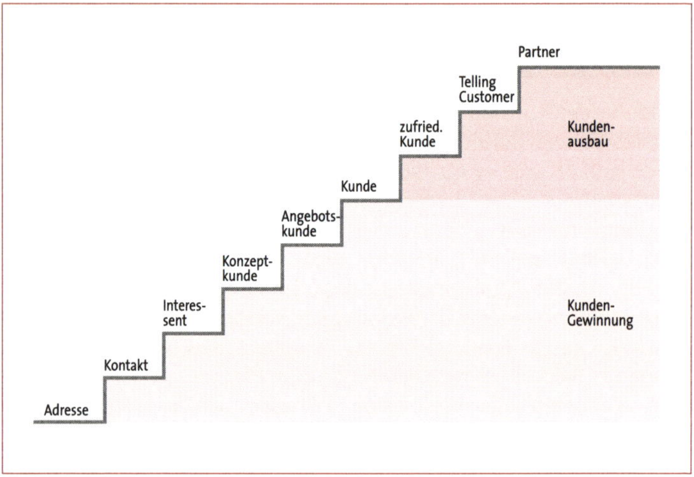

Abb. 3.1: Die neun Stufen des Vertriebsprozesses auf einen Blick

3.2.2 Merkmale je Stufe

Um Kunden oder Verkaufschancen exakt einer bestimmten Stufe des Verkaufsprozesses zuordnen zu können und um Ihren Vertriebsmitarbeitern einen effizienten Umgang mit diesen Kunden/Chancen nahe zu legen, sollten Sie für jede der einzelnen Stufen vier Merkmale genau definieren, nämlich:

Merkmale pro Stufe	
1. Ressourcen	*Welche Ressourcen setzen Sie sinnvollerweise unter betriebswirtschaftlichen Gesichtspunkten in jeder der einzelnen Stufen ein?*

2. Weiter-Kriterien	*Welche Meilensteine bringen eine Vertriebschance, einen Kunden in die nächste Stufe? Hier ist besonders darauf zu achten, dass nicht Aktivitäten (also z.B. Termin, Angebot, Anfrage etc.) zu Weiter-Kriterien werden, sondern nur Ereignisse, die eingetreten sind und qualitative Aspekte enthalten (wie qualifizierter Bedarf, hohe Abschlusschance etc.).*
3. Erfolgsfaktoren	*Wovon hängt Ihr Erfolg in jeder einzelnen Stufe ab?*
Und ganz wichtig:	
4. Exit-Kriterien	*Für jede Phase sollte genau definiert sein, wann der Prozess beendet wird. Unter welchen Umständen eine Vertriebschance, ein potenzieller Kunde weder in der aktuellen Stufe verharrt, noch eine Stufe weiter kommt, sondern unter welchen Umständen er den Prozess verlassen muss. Und Sie dann Ihre Ressourcen anderweitig, d. h. Erfolg versprechender, konzentrieren können.*

In nachfolgender Tabelle, die wiederum in die beiden Teilprozesse „Kundengewinnung“ und „Kundenausbau“ gegliedert ist, können Sie beispielhaft die Weiter- und Exit-Kriterien, die Erfolgsfaktoren und die zu investierenden Ressourcen für alle neun Stufen erkennen.

Merkmale des Vertriebsprozesses Kundengewinnung				
Stufe	***Ressourcen***	***Erfolgsfaktoren***	***Weiter-Kriterien***	***Exit-Kriterien***
Vertriebsprozess Kundengewinnung				
0. Adresse	• *Hier werden die wenigsten Ressourcen investiert.* • *Idealerweise standardisierte Prozesse*	• *Zielgruppenauswahl* • *Qualität der Adressen (aktuell, korrekter Name, Durchwahl etc.)* • *Gute PR/ Marketing*	• *Qualifizierte Adresse (aus Zielgruppe)* • *Mit Potenzial*	• *Nicht Zielgruppe* • *Kein Potenzial*

1. Kontakt (qualifizierte Adresse)	• *Werbebrief* • *Ersttelefonat* • *Erstbesuch*	• *Beziehungsaufbau* • *Qualität der Bedarfsanalyse* • *thematische Aufhänger, die Interesse wecken*	• *Qualifiziertes Interesse UND Zusammenarbeit denkbar (Chemie stimmt)*	• *Kein Interesse* • *Kein absehbarer Bedarf* • *Keine Beziehung*
2. Interessent (qualifiziertes Interesse)	• *Grobkonzept* • *Erster Lösungsvorschlag* • *Abklären der Lösungsmöglichkeit*	• *Individuelle maßgeschneiderte Lösungskompetenz* • *Mehrere Kontakte im Buying-Center*	• *Qualifizierter Bedarf*	• *Bedarf nicht konkret* • *Bedarf von Ihnen nicht zu lösen* • *Bedarf nicht dringend*
3. Konzeptkunde (qualifizierter Bedarf)	• *Verfeinertes Lösungskonzept* • *Demoinstallation* • *„Probefahrt"*	• *Individuelle fachspezifische Lösungskompetenz* • *Qualität der Nutzenargumentation* • *Einwand-Behandlung*	• *Qualifizierte Abschlusschance*	• *Abschlusschance zu gering* • *Ungenügende Bonität*
4. Angebotskunde (qualifizierte Abschlusschance)	• *Angebotserstellung* • *Abschlussverhandlung* • *Preisverhandlung*	• *Aufbau des Angebotes* • *Abschlusstechniken* • *Professionelles Follow-up* • *Verhandlungsgespräch*	• *Abschluss, Angebot gewonnen*	• *Wettbewerber hat Zuschlag* • *Preisvorstellung des Kunden unrealistisch*

Vertriebsprozess Kundenausbau				
5. Kunde (mind. ein Auftrag)	• *Standardkundenbetreuung* • *Wie C-Kunde*	• *Gute Abwicklung/ Service* • *Mehrwert des Produkts/ der Lösung*	• *Dauerhafter, zufriedener Kunde*	• *Keine gute Beziehung* • *Kein weiterer Kauf in Sicht* • *Schlechte Bonität*
6. Zufriedener Kunde (dauerhafter Kunde)	• *Betreuung wie B-Kunde*	• *Win-win*	• *Loyaler Kunde* • *Empfiehlt uns weiter*	• *Bevorzugt Wettbewerb* • *Negativer Deckungsbeitrag* • *Schlechte Bonität*
7. Telling Customer (aktiver Empfehlungsgeber)	• *Wie A-Kunde* • *Clientingmaßnahmen*	• *Win-win-Zusammenarbeit intensivieren*	• *Qualifizierte, partnerschaftliche Zusammenarbeit im Netzwerk*	• *Kein Clienting* • *Kein Partnering gewünscht (von Ihnen, vom Kunden)*
8. Partner	• *Zusammenarbeit* • *Kooperation* • *Gemeinsames Netzwerk*	• *Bessere Geschäfte für Sie und Ihren Kunden*		• *In der Praxis: keines mehr!*

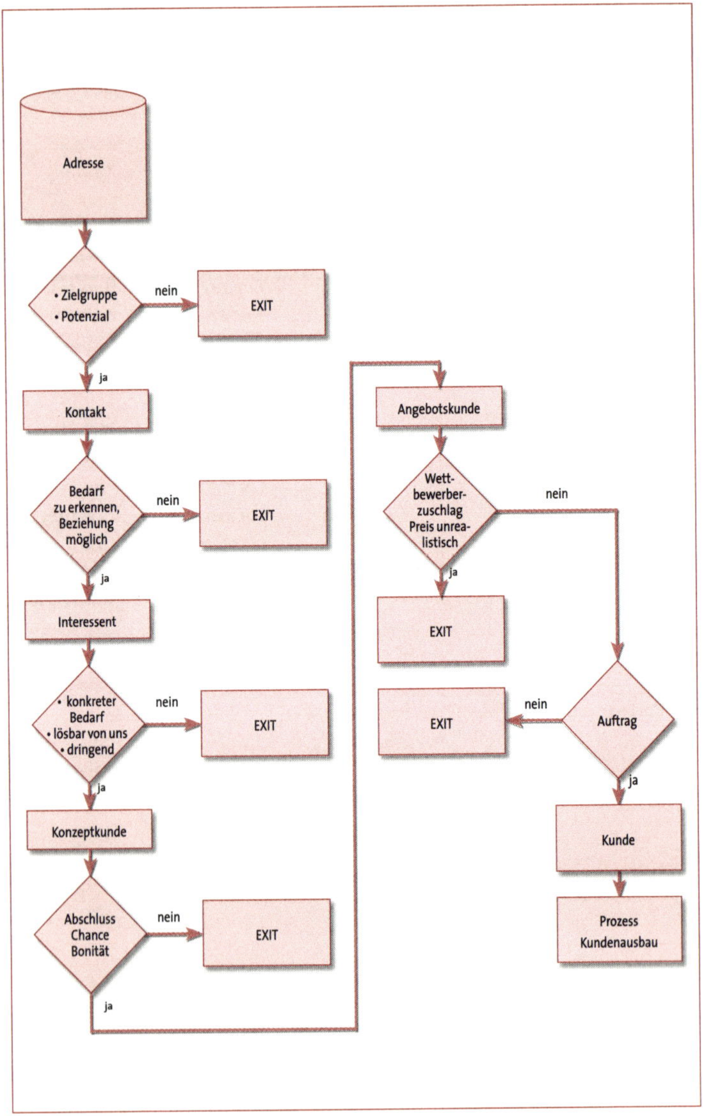

Abb. 3.2: Vertriebsprozess mit Merkmalen

3.2.3 Darstellung des Vertriebsprozesses

Aus unserer Erfahrung gibt es vier Varianten einen Vertriebsprozess darzustellen, nämlich als

1. Vertriebspipeline,
2. Vertriebstreppe,
3. Vertriebstrichter oder
4. Vertriebskreislauf.

Jede dieser Varianten kann Ihnen mehr Klarheit über Ihren Vertriebsprozess bringen. Im Folgenden werden wir kurz auf jede einzelne Darstellungsform eingehen und ein paar Beispiele dafür geben.

Vertriebspipeline

Natürlich ist eine Darstellung des Vertriebsprozesses als einfache Abfolge von Prozessschritten denkbar. Da eine Pipeline auch parallel zu einem Zeitstrahl dargestellt werden kann, können Sie hier gut erkennen, dass ein Vertriebsprozess Zeit erfordert, manchmal 12 oder gar 24 Monate, je nach Branche. Vielleicht verhilft Ihnen diese Darstellung zur nötigen Geduld (Abb. 3.3).

Wir sind der Meinung, dass die Darstellungen als Treppe, Trichter oder Kreislauf wichtige Zusatzinformationen erkennen lassen.

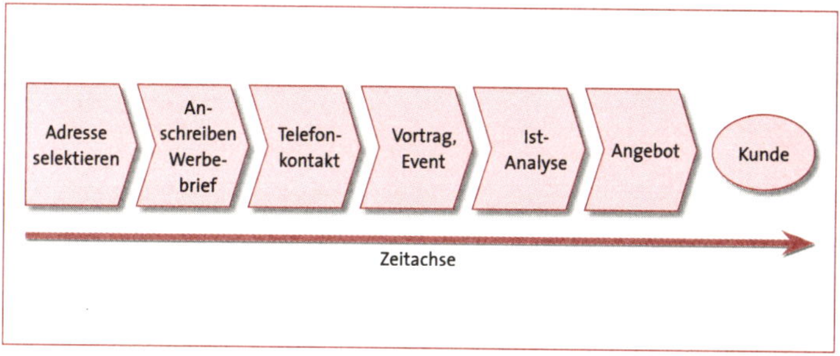

Abb. 3.3: Vertriebspipeline am Beispiel Werbeagentur

Vertriebstreppe

Diese Darstellung ist besonders gut geeignet, um zu verdeutlichen, worauf es bei einem Vertriebsprozess ankommt, nämlich: Sie müssen Stufe für Stufe verkaufen. Versuchen Sie nicht fünf Stufen auf einmal zu nehmen, sonst geht es Ihnen wie im richtigen Leben: Sie fallen auf die Nase.

Verkaufen Sie Ihren Adressen ein Erstgespräch. Und versuchen Sie nicht am Telefon schon Ihr Produkt zu verkaufen. Gleiches gilt für den Ersttermin. Verkaufen Sie dort Ihre Lösungskompetenz, verkaufen Sie dort die Bedarfsanalyse oder was auch immer Ihr nächster Schritt ist. Aber bitte: Verkaufen Sie im Ersttermin noch nicht Ihr Produkt! (Außer Sie können im Ersttermin bereits einen Abschluss machen, das gibt es ja in manchen Branchen.)

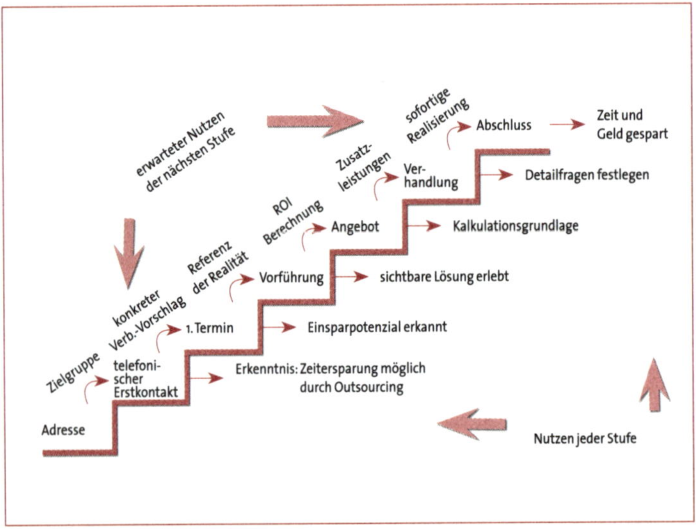

Abb. 3.4: Vertriebstreppe am Beispiel Ingenieurbüro: Hier ist der Nutzen für den Kunden auf jeder Stufe mit dargestellt und zugleich auch der zu erwartende Nutzen, wenn der Kunde die nächste Stufe nimmt.

Um die nächste Stufe verkaufen zu können, stellen Sie sich doch bitte zwei Fragen:

1. Welchen Nutzen biete ich meinem Kunden in dieser Stufe?
   Z.B. welchen Nutzen biete ich meinem potenziellen Kunden bereits im Akquisitionstelefonat, oder wie hat der Kunde profitiert, bereits nach dem ersten Kennenlernen? Kennen Sie keine Antwort, sparen

Sie sich bitte den Besuch und stehlen Sie Ihrem Kunden nicht die Zeit.

2. Was hat der Kunde davon, wenn er der nächsten Stufe zustimmt? Und in diesem Zusammenhang auch, was ist der Kunde bereit zu tun, um auf die nächste Stufe zu gelangen, um in den Genuss Ihrer Ressourcen der nächsten Stufe zu kommen? Testen Sie ruhig seine Ernsthaftigkeit.

Vertriebstrichter

Der Trichter ist ein geeignetes Symbol, um darzustellen, dass Sie in der Regel oben mehr Adressen hineinkippen (müssen), als unten als Kunden herauskommen. In dieser Darstellung kann man auch sehr schön erkennen, ob Ihr Trichter eher einem dicken Rohr ähnelt, aus dem zu wenig herauskommt, und Sie somit kräftig Ressourcen verschwenden oder ob Ihr Trichter eher einem dünnen Schlauch ähnelt, der leicht Verstopfung bekommt (Abb. 3.5). Die einzelnen Stufen und ein anderes Mengengerüst zeigt Abb. 3.6:

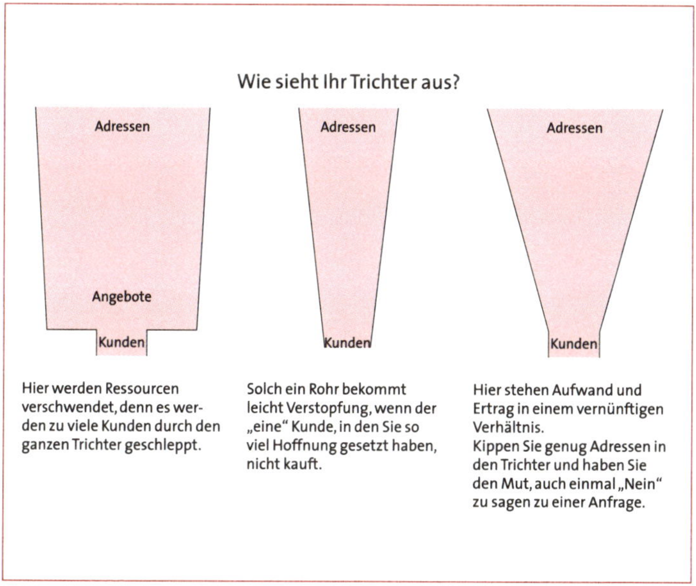

Abb. 3.5: Vertriebstrichter

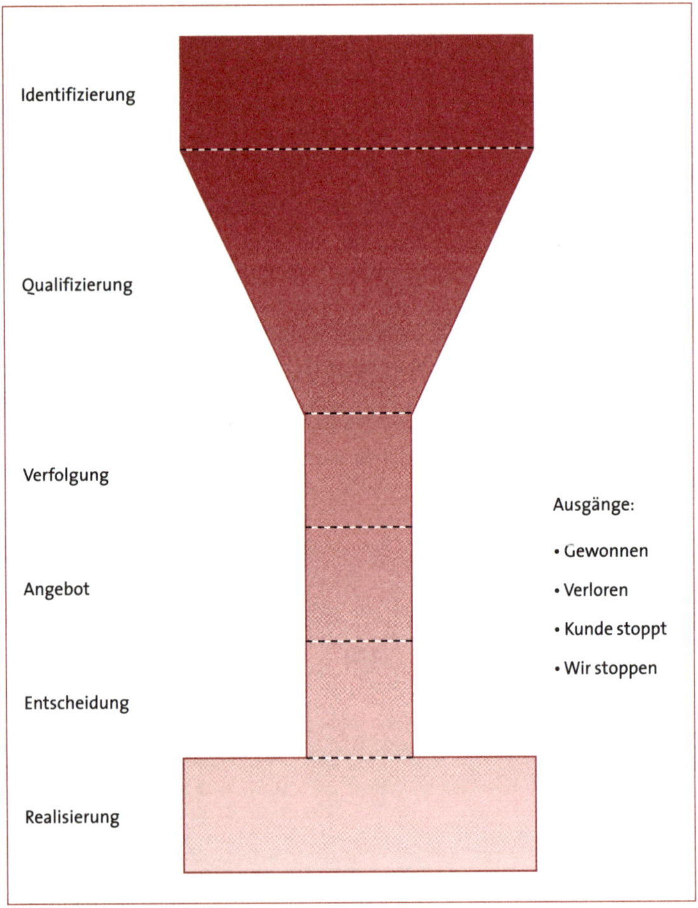

Abb. 3.6: Die Stufen bei der Trichterdarstellung (bei Industriebedarf)

Vertriebskreislauf Verkaufszyklus
Diese Darstellung ist besonders gut geeignet, um darzustellen, dass es immer wieder neue Käufe, immer wieder neue Abschlüsse bei bestehenden Kunden gibt und daher jeder Kunde hoffentlich mehrfach durch diesen Kreislauf läuft. Ein besonders ausgefeiltes Beispiel eines Verkaufszyklus sehen Sie auf der folgenden Seite (Abb. 3.7):

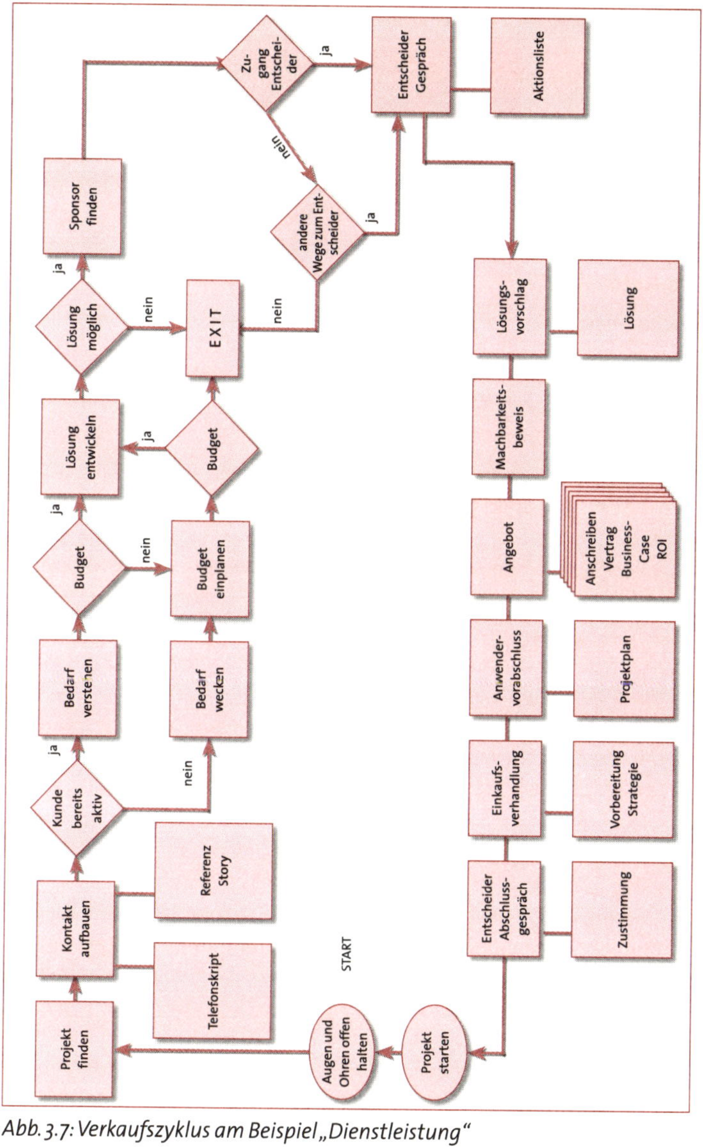

Abb. 3.7: Verkaufszyklus am Beispiel „Dienstleistung"

3.2.4 Vorgehen zur Prozessdefinition

Diese Schritte sollten Sie durchführen, um Ihren Vertriebsprozess zu definieren:

1. Analysieren Sie Ihre Markterfolg bringenden Abläufe/Prozesse.
2. Legen Sie typische Kundenberührungspunkte fest. Blicken Sie dabei auf Vertrieb und Prozesse durch die Augen der Kunden.
3. Erweitern Sie die üblichen Außen- und Innendienstkontakte um Instrumente bzw. Medien des Dialogmarketings (Mailing, Newsletter, Call-Center-Aktionen etc.).
4. Verbinden Sie die Kundenkontakte zu einem Vertriebsprozess und unterteilen Sie diesen in einzelne Schritte/Stufen.
5. Definieren Sie für jede dieser spezifischen Stufen den spezifischen Kundennutzen.
6. Da regelmäßige Kundenkontakte anzustreben sind, verlängern Sie Ihren Vertriebsprozess in die Nachkaufphase, in die Betreuungsphase.
7. Legen Sie für jede Stufe (auch Aftersales) Weiter- und Exit-Kritieren fest. Meilensteine sind Ereignisse, nicht Aktivitäten.
8. Differenzieren Sie diese Abläufe nach Kundenwertigkeiten, klassifizieren Sie auch Ihre Interessenten. Legen Sie für jede Stufe ein Maximum an Ressourcen fest.
9. Testen Sie Ihre kundenorientierten Abläufe gegen das Marktverhalten Ihrer Wettbewerber. Sie brauchen nicht perfekt zu sein. Sie sollten jedoch sicherstellen, dass Sie bei jedem Kundenkontakt einen Tick besser sind als Ihre Wettbewerber.
10. Nutzen Sie Ihren definierten Prozess zur Gestaltung Ihrer CRM-Software. Ihr Prozess treibt die Software, nicht umgekehrt.
11. Überprüfen Sie Ihre Prozesse auch auf kostenmäßige Tragfähigkeit. Bringen Sie Kunden- und Kostenorientierung in eine angemessene Balance. Seien Sie aber auch bereit in die richtigen Interessenten zu investieren.
12. Der Lackmustest:
    Werden Ihre Abläufe auch von Ihren Kunden geschätzt? Bilden Sie eine Kundentestgruppe, befragen Sie Ihre Kunden und lernen Sie aus den Erfahrungen Ihrer Kunden.

3.3 Vertriebsprozess: Kundengewinnung

Dieser Abschnitt behandelt (wie oben in der Vorausschau umrissen) die ersten fünf Stufen des Vertriebsprozesses.

3.3.1 Stufe 0: Adresse

Neukunden gewinnen – ja, warum eigentlich? Wir haben doch eine ganze Menge bestehender Kunden, oder? Und: Es ist billiger, Kunden zu halten als neue zu gewinnen. Nur, Sie wissen selbst, von bestehenden Kunden allein können Sie dennoch auf Dauer nicht (über-)leben. Irgendwann sind bestehende Kunden voll ausgeschöpft und der eine oder andere Kunde verabschiedet sich (Wettbewerb, Insolvenz, Geschäftsaufgabe etc.). Kurzum, eine Überlebens- oder vor allem eine Wachstumsstrategie ist nur mit neuen Kunden möglich und dafür brauchen Sie zuallererst neue qualifizierte Adressen.

Zielkunden bestimmen
Im Abschnitt 1.3.2. haben Sie Ihre Kernzielgruppe definiert. Nun geht es darum, aus dieser Kernzielgruppe Kunden zu gewinnen. Der erste Schritt dazu kann sein, eine Marktanalyse, eine Potenzialanalyse durchzuführen und die entsprechenden Adressen zu ermitteln. Jetzt bekommen Sie auch ein erstes Gefühl dafür. Sind es 10, sind es 100 oder sind es 1.000? Diese Adressen sollten Sie qualifizieren, bevor Sie beispielsweise zum Telefonhörer greifen, um einen ersten Termin zu vereinbaren.

Leads generieren
Eine andere Möglichkeit an qualifizierte Adressen zu gelangen ist es, über geeignete Werbe- und Marketingmaßnahmen so genannte Leads zu generieren: Kunden, die in irgendeiner Form Interesse äußern oder die zumindest genau Ihrer Zielgruppe entsprechen. Dafür gibt es vielfältige Maßnahmen: Verkaufsförderung, Empfehlungsmarketing, Preisausschreiben, Ihre Website, Öffentlichkeitsarbeit, PR-Artikel, Kooperationen, Vorträge auf Fachtagungen, Messen usw.

Systematische Adressgewinnung
Darunter verstehen wir heute eine Kombination verschiedener Einzelbausteine aus den Bereichen Networking, Verkauf und Marketing. Neue

Kombinationen aus Systematik, Methode und modernen Kommunikationstechniken ermöglichen eine erfolgreiche Adressengewinnung. Wichtig ist dabei die Kombination, der richtige Mix. Erst durch geschickte Kombination der o. g. Möglichkeiten generieren Sie heute Ihre Adressen und damit Ihre Verkaufserfolge von morgen.

Qualifizierte Leads

Wie wichtig es ist, an dieser Stelle nicht einfach nur Massen von Adressen zu generieren, sondern qualifizierte Leads, möchten wir Ihnen am Beispiel eines unserer Kunden erläutern.

Beispiel

Vor dem Messetraining hatte unser Kunde, ein IT-Dienstleistungsunternehmen, 1.200 Messeleads generiert. Die Vertriebsmannschaft war anschließend mehrere Wochen damit beschäftigt, die wertlosen Leads auszusortieren. Jeder weiß, wie demotivierend das ist. Auf der folgenden Messe wurden die Besucher nur zu Gesprächen gebeten, wenn sie als potenzielle Kunden vorqualifiziert waren. So wurden zwar nur 400 Leads an den Vertrieb gegeben, von diesen kannte man aber alle wichtigen Daten und war ziemlich sicher, dass sich eine Bearbeitung lohnte.

3.3.2 Stufe 1: Ersttermin vereinbaren

Egal wie Ihr Kontaktmix aussieht, für Sie/den Vertrieb gilt: früher oder später schlägt sie, die Stunde der Wahrheit – Kalttelefonate sind angesagt. Es bleiben zwei Fragen zu beantworten:

1. Mit wem telefonieren Sie?
2. Wie organisieren Sie solch ein Telefonat?

Zunächst zur ersten Frage, wen anrufen?

Ein IT-Lösungsanbieter fragte uns einmal, was wir für die bessere Art hielten: einen Kontakt zu einem potenziellen Kunden mit der IT-Abteilung zu starten oder besser mit den Anwendern zuerst zu sprechen? Die Frage stellt sich vor allem, weil es bei diesem speziellen Produkt unseres Kunden auch immer um die Arbeitsprozesse geht. Unsere Antwort: Fangen Sie mit der Person an, die am empfänglichsten für Ihre Botschaft ist.

Ihr erster Anruf sollte vor allem dazu dienen, Informationen über das Unternehmen zu bekommen, sodass Sie später gut präpariert sind, wenn Sie mit der Person oder der Abteilung telefonieren, die das Problem „besitzt".

Auf diese Weise kann es Ihnen vielleicht sogar gelingen, diese Person als späteren Sponsor zu gewinnen, der Sie im Vertriebsprozess dann mit den nötigen Insiderinformationen versorgt. Dazu aber später mehr.

Entscheider erst anrufen, wenn Sie vorbereitet sind

Führen Sie nicht gleich Ihr erstes Telefonat bei einem potenziellen Neukunden mit dem Entscheider. Was wollen Sie ihm sagen? Sie kennen den Bedarf noch nicht. Sie kennen die anderen Spieler im Buying-Center noch nicht. Sie wissen noch nicht, wie Sie mit Ihrer Lösung sein Problem lösen können. Deshalb machen Sie erst Ihre Hausaufgaben, sammeln Sie Informationen, dann erst rufen Sie den Entscheider an.

Das „Wie" der Kontaktaufnahme

Zuerst brauchen Sie einen Kernnutzen für Ihren potenziellen Kunden. Sie kennen doch sein brennendstes Problem, oder? Klar, Sie sind ja der Problemlöser Nr. 1 für Ihre Kernzielgruppe. Noch besser ist es, wenn Sie spezielle Informationen über die Firma oder die Person haben, die Sie anrufen möchten (aus der Presse, von der Website, aus vorherigen Telefonaten mit der Firma, aus sonstigen Informationsquellen etc.).

Was Sie dann noch brauchen, ist ein Skript. Viele telefonische Versuche einer Terminvereinbarung scheitern an der unüberlegten Wahl der Worte des Verkäufers. Hierbei wird immer noch viel zu viel improvisiert und der Spontaneität zu viel Raum gelassen. Auch eine telefonische Terminvereinbarung sollte gut vorbereitet sein, wenn man effektiv sein will.

Empfehlungen für den Umgang mit Telefonskripts

1. *Entwerfen Sie Ihr Skript immer selbst. D. h., übernehmen Sie kein Skript von anderen. Sonst wirken Ihre Telefonate unecht und gekünstelt.*
2. *Starten Sie Ihr Telefonskript mit einer Eröffnung. Geben Sie Ihrem potenziellen Kunden Zeit zum Umschalten. Denken Sie daran, er hat nicht vor dem Telefon gesessen und auf Ihren Anruf gewartet. Und nehmen Sie sich Zeit für einen kurzen Beziehungsaufbau. Fallen Sie nicht gleich mit der Tür ins Haus.*

3. *Wenn es Ihnen reicht, dann können Sie sich mit einem Stichwortkonzept begnügen. Andernfalls ist gegen ein Volltextskript nichts einzuwenden. Es gibt Ihnen auf jeden Fall mehr Sicherheit. Falls Sie ausformulieren, achten Sie bei Ihrer Sprache darauf, dass man nicht merkt, dass Sie den Text ablesen. Schreiben Sie in „Sprechsprache", nicht in „Schreibsprache".*
4. *Achten Sie darauf, dass Ihre Kunden nur der Nutzen interessiert. Produktdetails gehören nicht in das Skript.*
5. *Erzeugen Sie mit den Inhalten Ihres Skripts Spannung beim Kunden, die Sie im Falle eines Termingesuchs erst beim Besuch auflösen. Deshalb lassen Sie lieber Ihren Kunden reden, anstatt ihn „zuzutexten".*
6. *Sehen Sie in Ihrem Skript Antwortmöglichkeiten für Einwände der Kunden vor.*
7. *Achten Sie auf die Sprache. Nutzen Sie alle Varianten des Power Talking (keine Negationen, nur positive Begriffe, keine Konjunktive, zielgerichtete, optimistische, nach vorne schauende Formulierungen).*
8. *Üben Sie mit Ihrem Skript intensiv und spielen Sie alle Eventualitäten von Kundenreaktionen durch. Üben Sie so lange, bis Sie sich leicht auch einmal vom Skript befreien können, wenn es die Situation erfordert.*

Erst jetzt, wenn Sie sich ganz sicher fühlen, fangen Sie an. Planen Sie Zeit ein. Zeit, um mehrere Telefonate hintereinander führen zu können. Denn Sie kennen ja das Phänomen, Sie haben sich endlich zu einem Kalttelefonat aufgerafft, wählen die Nummer und – besetzt. Puh, noch mal Glück gehabt. Deswegen hier unser Tipp:

Bereiten Sie mindestens zehn Kontakte fix und fertig vor. Legen Sie sie auf einen Stapel, nehmen Sie den Hörer in die Hand und telefonieren Sie. Einen nach dem Anderen. Sind Sie erst einmal im Fluss, haben Sie auch Erfolg.

Noch ein letzter organisatorischer Prozessschritt ist zu beachten bei Ersttermintelefonaten: Bestätigen Sie jeden Termin schriftlich. Eine nur telefonische Terminvereinbarung bietet keine Gewähr dafür, dass Sie den Kunden auch tatsächlich zur vereinbarten Zeit antreffen, leider. Termine bekommen für Ihre Kunden einen verbindlicheren Charakter, wenn Sie schriftlich bestätigt vorliegen. Selbst kurzfristig vereinbarte Termine können Sie noch am selben Tag per Fax oder E-Mail bestätigen. Auch geben Sie so Ihren potenziellen Kunden die Möglichkeit den Termin abzusagen.

3.3.3 Weiter Stufe 1: Vorbereitung des Erstkontakts

Nun geht es also um den ersten Termin bei Ihren potenziellen Kunden. Je nach Länge Ihres Vertriebsprozesses kann dieser Termin entweder die Aufgabe haben, erste weitere, tiefere Informationen über Ihren potenziellen Kunden zu bekommen oder aber bereits eine intensive Bedarfsanalyse durchzuführen. Wir wissen, manche Produkte oder Dienstleistungen lassen sich schon im Erstkontakt verkaufen. Für Sie, liebe Leser aus diesen Branchen, gilt das hier Gesagte natürlich ebenso, nur dass Sie die Phasen 1 bis 4 in einem Termin bearbeiten.

Wir wollen uns hier in diesem Abschnitt auf die Vorbereitung dieses Erstkontaktes konzentrieren. Denn wir sind der Meinung, Vorbereitung ist 50 Prozent des Erfolgs. Vor dem Erstkontakt bedeutet Vorbereitung vor allem Vorbereitung auf den Kunden. Nutzen Sie alle Ihnen zur Verfügung stehenden Informationsquellen, um möglichst viele und breit gefächerte Informationen über Ihren Gesprächspartner und seine Firma zu bekommen.

Checkliste „Kundenpotenzialdaten"

1. *Kundenstammdaten*
   - *Firmierung, Adresse, URL, Telefonnummer etc.*
   - *Muttergesellschaft, Konzerneinbindung, Tochtergesellschaften*
   - *Nutzen: Hinweis auf weiteres Potenzial und etwaige Entscheidungswege*
   - *Quelle: Geschäftsbericht, Internet etc.*
2. *Wirtschaftliches Umfeld*
   - *Entwicklung des Unternehmens*
   - *Entwicklung der Branche*
   - *Entwicklung der Abnehmerbranchen*
   - *Nutzen: Hinweis auf zukünftig zu erwartende Trends der Wirtschaftskraft*
   - *Quelle: Verbandsinformationen, Wirtschaftspresse, Erwartungen des Unternehmens, Aussagen der Geschäftsführung im Geschäftsbericht*
3. *Handelnde Personen*
   - *Wer ist an der Entscheidungsfindung beteiligt?*
   - *In welchen Rollen treten die Personen auf? (Unterschreiber, Entscheider, Entscheidungsbeeinflusser, Entscheidungsverhinderer, Sponsor, Anwender)*

- *Wie stehen diese Personen zum Anbieter? (aktiv-negativ, negativ, neutral, positiv, aktiv-positiv)*
- *Was ist Ihnen wichtig? (schneller, besser, billiger, bequemer)*
- *Erkennbare Vorlieben oder Abneigungen*
- *Nutzen: die Beziehungsanalyse weist den Weg zu einer tragfähigen Kundenbeziehung*
- *Quelle: persönliche Beobachtungen im Gespräch mit den oben aufgeführten Gesprächsteilnehmern*

4. *Projektbewertung*
   - *Wie groß ist das mögliche Projektvolumen? (Produkte, Dienstleistungen mit jeweiligem Umsatz, Deckungsbeitrag, Marge)*
   - *Was ist der Bedarf/das Problem?*
   - *Können wir es lösen?*
   - *Mit welchen unserer unique selling propositions (USP)?*
   - *Hat der Kunde hierfür ein Budget?*
   - *Wann wird hierüber entschieden?*
   - *Kennen wir bereits alle Entscheider?*
   - *Nach welchen Kriterien wird entschieden?*
   - *Gibt es Wettbewerber? Wenn ja, welche?*
   - *Wie plant der Kunde den Entscheidungs- und Realisierungsprozess?*
   - *Wie groß sind die Chancen der eigenen Realisierungen?*
   - *Nutzen: Erkenntnis, mit welchen Chancen und Risiken das Projekt zu gewinnen ist und welchen Wert es für den Anbieter und den Kunden hat.*
   - *Quelle: Ergebnisse aus den Gesprächen mit den Kunden*
5. *Was sind die nächsten Schritte?*
   - *Zugespitzt gesagt: Wenn Sie über seine Firma mehr wissen als Ihr Gesprächspartner, dann sind Sie wirklich fit für den Erstkontakt.*

Checken und ergänzen Sie diese Daten vor und nach jedem Kundenkontakt.

3.3.4 Stufen 1/2/3: Qualifizierte Analyse

In diesem Abschnitt geht es darum: Wie finden Sie heraus, ob der Kunde wirklich qualifiziertes Interesse hat? Und ob es sinnvoll ist, erste konkrete Lösungsvorschläge zu erarbeiten? Dabei sind im Wesentlichen drei Fragen zu entscheiden:

1. Wird überhaupt gekauft? Hat der Kunde einen Bedarf? Hat der Kunde ein Problem?

2. Wird bei Ihnen gekauft? Können Sie diesen Bedarf lösen und haben Sie einen USP?
3. Wird jetzt gekauft? Ist das Problem zeitkritisch, ist es dringend?

> ***Wenn Sie an dieser Stelle professionell vorgehen, können Sie viel Ärger, viel Frust und eine große Menge Ressourcenverschwendung vermeiden.***

Beispiele gefällig? Das Vorlegen von drei Angeboten ist in gut geführten Unternehmen Pflicht. Vermutlich auch bei Ihren Kunden. Auch wenn sich der Käufer schon für einen Anbieter entschieden hat, muss er die Verkäufer der anderen Anbieter in dem Glauben lassen, dass auch sie gewinnen können, weil diese sonst keine Angebote unterbreiten. Sie kennen doch bestimmt auch Ausschreibungen, von denen Sie eigentlich ganz genau wissen, dass Sie sie nie gewinnen werden, oder? Stellt sich nun die Frage, macht es dann Sinn, überhaupt daran teilzunehmen?

Wissen Sie, was gute Verkäufer von sehr guten Verkäufern unterscheidet? Die Top-Performer konzentrieren sich auf die wirklich Erfolg versprechenden Vertriebschancen.

Beispiel

Ein Kunde unseres Kunden, der ein Wettbewerbsprodukt einsetzt, forderte unseren Kunden zur Abgabe eines Angebots für eine Folgelösung auf. Volumen 250 T Euro. Um das qualifizierte Interesse zu testen, hatte unser Kunde die Idee, die ca. vier Arbeitstage dauernde Bedarfsanalyse kostenpflichtig anzubieten, für 6 T Euro. Da der potenzielle Kunde dies ablehnte, hat unser Kunde auf die Abgabe eines Angebots verzichtet. Damit hat er vier Arbeitstage à 1.200 Euro = 4.800 Euro gespart und konnte sich in dieser Zeit zusätzlich auf seine mehr Erfolg versprechenden Verkaufschancen konzentrieren.

Wie aber unterscheiden Sie zwischen Interesse und qualifiziertem Interesse? Stellen Sie sich dazu die drei oben bereits genannten Fragen!

1. Wird überhaupt gekauft?

Hier sind zwei Dinge zu beantworten. Gibt es einen Bedarf und gibt es ein Budget?

Zuerst zum Bedarf: Gibt es überhaupt einen Bedarf, gibt es ein Problem? Sie wissen ja, kein Problem, kein Verkauf. Ist der Bedarf also konkret und ist er dem Kunden bekannt? Oder kann man im Moment nur von einem ersten allgemeinen Interesse sprechen?

Bei Miller Heiman in „Strategisches Verkaufen" kann man vier verschiedene Kaufhaltungen nachschlagen (Abb. 3.8):

- die Euphoriehaltung,
- die Alles-o.k.-Haltung,
- die Wunschhaltung und
- die Problemhaltung.

Bei welcher dieser vier Kaufhaltungen des potenziellen Kunden besteht wohl eine realistische Wahrscheinlichkeit auf eine positive Kaufentscheidung? Richtig, in der Problemhaltung ist die Wahrscheinlichkeit einer Kaufentscheidung am größten. Das gilt, selbst wenn die finanziellen Mittel knapp sind.

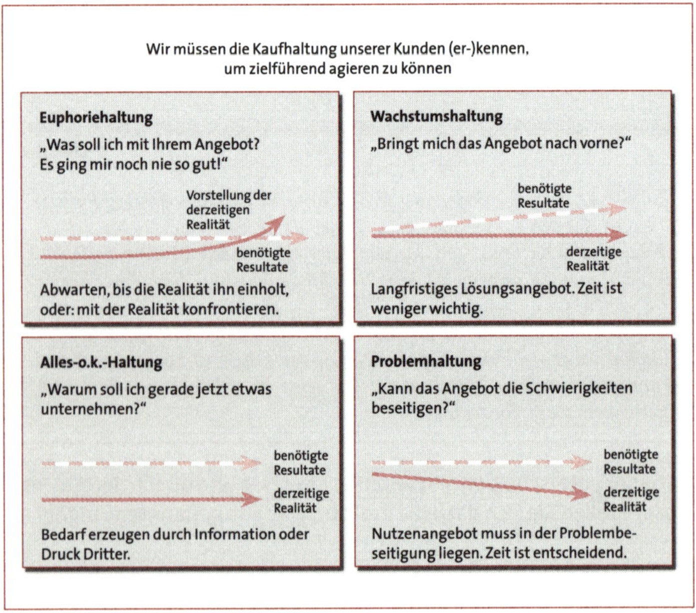

Abb. 3.8: Kaufhaltungen (nach Miller/Heimann, Strategisches Verkaufen)

In der Wachstumshaltung ist die Wahrscheinlichkeit einer Kaufentscheidung mittel- bis langfristig hoch. Falls, ja falls genügend finanzielle Mittel vorhanden sind. In der Euphoriehaltung wird die Luft schon dünner. Die Wahrscheinlichkeit einer Kaufentscheidung ist momentan gering. Das könnte sich aber mit der Zeit ändern. Deshalb brauchen Sie diesen Gesprächspartner jetzt nicht intensiv zu bearbeiten. Sie sollten aber am Ball bleiben, bis ihn die Wirklichkeit einholt, sodass Sie dann parat stehen. Und in der Alles-o.k.-Haltung? Richtig, da gibt es keinen Grund etwas zu unternehmen und die Wahrscheinlichkeit einer Kaufentscheidung ist sehr gering. Deshalb sollten sie diesen Kunden auf keinen Fall in die nächste Stufe befördern.

Bleibt noch die Frage nach dem Budget. Ist es ausreichend, ist es klar definiert und kann Ihr Gesprächspartner darüber entscheiden? Wenn Sie alle drei Fragen mit „Ja" beantworten können und ein echtes Problem existiert, dann bestehen gute Chancen, dass etwas gekauft wird. Die Frage ist nur, bei wem?

2. Wird bei uns gekauft?
Für diese Frage gibt es fünf Unterpunkte:

1. Lösung
Hier stellt sich berechtigterweise die Frage, können Sie das Problem lösen? Können Sie alle Anforderungen erfüllen? Und haben Sie genügend Ressourcen um das Problem Ihres Kunden zum geplanten Termin zu lösen?

2. USP
Haben Sie einen USP (unique selling proposition = Alleinstellungsmerkmal)? Hat der Kunde ihn verstanden, akzeptiert und auch als wichtig erkannt?

3. Entscheider?
Wer sind die Player im Buying-Center beim Kunden? Wir unterscheiden sechs verschiedene Rollen, die im nächsten Abschnitt noch genauer erläutert werden. Nämlich zuerst einmal Entscheider und Unterschreiber. Zwei verschiedene Rollen, denn manchmal ist der Unterschreiber nicht der wirkliche Entscheider. Auch die Entscheidungsbeeinflusser, wie z.B. Experten und die Anwender, sind zu berücksichtigen und zu kontaktieren.

Noch etwas, vergessen Sie nicht die Entscheidungsverhinderer. Gremien oder Personen wie Betriebsrat, Controlling, Rechtsabteilung etc. Wer sie übersieht, verliert Aufträge und weiß nicht warum. Über all das kann Sie Ihr Sponsor informieren. So vergessen Sie keinen der Spieler.

4. Entscheidungskriterien

Kennen Sie die Entscheidungskriterien der Anwender? Kennen Sie die Entscheidungskriterien der Entscheider? Beides sollte Ihnen bekannt sein und kann jetzt in eine Reihenfolge sortiert nach Wichtigkeit gebracht werden.

5. Wettbewerber

Kennen Sie Ihre Wettbewerber im Allgemeinen? Kennen Sie Ihre Wettbewerber hier in diesem Angebotswettbewerb? Wenn ja, stellen Sie doch einmal eine Verwundbarkeitsanalyse auf. Dies geht in den folgenden vier Schritten:

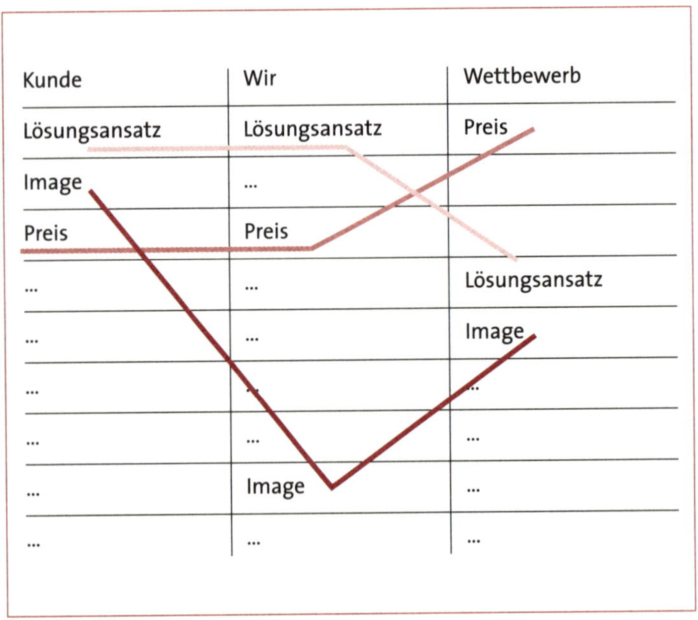

Abb. 3.9: Verwundbarkeitsanalyse

Verwundbarkeitsanalyse

- 1. Schritt: Sortieren Sie in Spalte 1 (Abb. 3.9) die Entscheidungskriterien Ihres Kunden nach der Wichtigkeit.
- 2. Schritt: In Spalte 2 sortieren Sie die gleichen Kriterien für Ihr Unternehmen und Ihr Angebot und zwar danach, wie gut Sie diese Kriterien erfüllen.
- 3. Schritt: Wiederholen Sie den 2. Schritt jetzt für jeden Ihrer Wettbewerber bei diesem Angebot.
- 4. Schritt: Wenn Sie jetzt die wichtigsten Kriterien Ihres Kunden für die Entscheidung mit einer dicken Linie verbinden, dann sehen Sie auf einen Blick, wo Sie verwundbar sind, aber auch, wo Ihre Konkurrenten zu schlagen sind.

3. Wird jetzt gekauft?

Das ist die Frage, die noch übrig bleibt. Ist das Problem dringlich? Soll und muss es jetzt gelöst werden? Gerade in Zeiten knapper Kassen ist die Dringlichkeit ein sehr wichtiges Entscheidungskriterium. Denn die knappen Budgets Ihrer Kunden werden in der Regel für die Dinge ausgegeben, die wirklich einer dringenden Lösung bedürfen.

3.3.5 Stufe 2: Interessent

In der Stufe 2 können Sie mit Ihren Interessenten erste grobe Lösungsvorschläge erarbeiten. Während der Diskussion der Grobkonzepte und der gemeinsamen Erarbeitung der Lösungsvorschläge haben Sie in der Regel beste Gelegenheiten, weitere und genauere Antworten auf Ihre acht Fragen zu bekommen.

> *Spätestens in dieser Phase sollten Sie auch anfangen, den persönlichen Kontakt zum Entscheider zu suchen.*

3.3.6 Stufe 3: Konzeptkunde

Haben Sie Ihren potenziellen Kunden in diese Stufe befördert und festgestellt, dass es sich lohnt, mehr Ressourcen zu investieren? Herzlichen Glückwunsch! Denn erst jetzt ist ein erhöhter Ressourcen-Einsatz wirklich sinnvoll, wie folgendes Beispiel zeigt.

Beispiel

Das bundesweit tätige Produktionsunternehmen verkauft ein komplexes Produkt und zog es bisher vor, die Verkäufer sehr früh im Verkaufsprozess mit einem Kollegen vom Presales zusammen zum Kunden zu schicken. Damit verdoppelten sich die Kosten des Kundenbesuchs. Außerdem fehlte der Kollege in der Projektarbeit. Heute geht der Technikspezialist erst in der Stufe 3 bei Konzeptkunden mit zum Kunden. Das daraus resultierende Einsparpotenzial lag bei 600 Presales-Tagen pro Jahr. Die Technik-Kollegen können jetzt mit einem Honorar von 850 EUR pro Tag im Projektgeschäft eingesetzt und fakturiert werden. Dies entspricht einem Mehrerlös von einer halben Mio. Euro im Jahr. Nur dadurch, dass der Presales-Kollege erst bei qualifiziertem Bedarf den Vertriebskollegen begleitet.

Es gibt noch einen weiteren Grund erst später mit der Demo o.Ä. zu beginnen. Verkäufer, die von der Qualität Ihres Produktes überzeugt sind, neigen dazu, einem potenziellen Kunden möglichst früh das Produkt zu demonstrieren. Der Kunde ist zu diesem Zeitpunkt oft jedoch noch nicht reif für eine Demo.

Die Reaktionen dieser Kunden kennen Sie bestimmt auch: Das ist zu komplex, verstehe ich das überhaupt, können meine Mitarbeiter damit umgehen? Nach der frühen Demo braucht der Verkäufer Tage, manchmal Wochen, um den Kunden die Angst vor dem Angebot, vor dem Produkt zu nehmen, um den Auftrag zu bekommen.

Deshalb gilt: Ermitteln Sie erst einen qualifizierten Bedarf und erstellen Sie dann ein individuelles Konzept.

Achtung, in dieser Phase geht es um Konzepte und um Lösungen, es geht noch nicht um ein detailliertes Angebot. Sie brauchen zuerst die Grundlage für dieses Angebot. Denn Sie sollten möglichst sicher sein, bevor Sie ein Angebot abgeben. Deshalb gehören zu dieser Phase Demoinstallation, Probefahrt, Pflichtenheft erstellen, Verfeinerung der Ziele, Ausarbeitung des Konzeptes, Gestalten einer Ausschreibung usw., aber noch kein Angebot. In die Angebotsphase können Sie erst übergehen, wenn Sie wissen, dass Ihre Abschlusswahrscheinlichkeit weiter gestiegen ist.

3.3.7 Stufe 4: Angebotskunde

Erstellung des Angebots

Für die Erstellung von Angeboten empfehlen wir Ihnen dringend einen Qualitätssicherungsprozess zu definieren.

Je nach Umfang und Variabilität Ihrer Angebote kann dies eine einseitige Checkliste wie die im Folgenden abgedruckte sein, oder aber auch ein umfangreiches Word-Dokument (wie wir es in der Praxis bei einem unserer Kunden erlebt haben, es umfasste dort 22 Seiten).

Beim Definieren dieses Prozesses sollten Sie auch darauf achten, dass für jeden Prozessschritt genaue Zuständigkeiten und Verantwortlichkeiten festgelegt sind.

Die folgende Kurzbeschreibung zeigt den Angebotsablauf beispielhaft für das Projektgeschäft. In der Realität empfiehlt sich, falls mehrere Personen am Angebot beteiligt sind, den Prozess als Kommunikationsmatrix zu gestalten. Darin ist genau festgelegt, welche Organisationseinheit, welcher Verantwortliche und welche Führungskraft wofür verantwortlich ist, wo Mitwirkungspflicht besteht und wo nur informiert werden soll.

Checkliste: Erstellung eines Angebots

1. *Kundenanforderung analysieren*
2. *Der Abteilungsleiter benennt den Projektleiter, der auch bei der Ausführung das Projekt leitet. Er ist jetzt zugleich Angebotsprojektleiter.*
3. *Risikoeinschätzung mittels Checkliste: Risikoanalyse.*
4. *Entscheidung Angebotserstellung, ja oder nein. Bei Entscheidung Angebotserstellung ja:*
5. *Prüfen, ob für den Angebotsprojektleiter ein erfahrener Coach erforderlich ist. Falls ja, wird dieser vom Abteilungsleiter benannt.*
6. *Holen einer Angebotsnummer aus der Nummernverwaltung, z.B. des ERP-Systems (SAP)*
7. *Bonitätsprüfung des Kunden*
8. *Aufwandsanalyse verfeinern*
9. *Erstellung einer Angebotskalkulation*
10. *Bearbeitung der Checkliste: Projektrisiko*
11. *Erstellung der Angebotsunterlagen*
12. *Bei Formularverträgen: Vertragsprüfung mit Checkliste: Formularvertrag*
13. *Bei einzeln verhandelten Verträgen: Einbeziehung der Rechtsabteilung*
14. *Bei Änderung der AGB's auf Wunsch des Kunden: Einbeziehung der Rechtsabteilung*

15. Prüfung und Freigabe des Angebots *16. Angebotsabgabe* *17. Gegebenenfalls mehrere Verhandlungsstufen bis zur endgültigen Entscheidung des Kunden*
Endgültiges Angebot beim Kunden *18. Ablage einer Kopie des Angebots mit den dazugehörigen Dokumenten* *19. Bei Überschreitung der Bindefrist: Kunden kontaktieren* *20. Bei Rückgabe des Vertrags vom Kunden: Vertrag prüfen auf* *a) Änderungen durch den Kunden* *b) Begleitbrief des Kunden mit Hinweisen auf Zusätze* *c) Beruft sich der Kunde im Begleitschreiben auf seine AGB's bzw. Einkaufsbedingungen?*
Fall A: keine Modifikation durch den Kunden: *21. Original des Vertrags ablegen* *22. Alle beteiligten Funktionen informieren*
Fall B: Kunde hat geändert, ergänzt: *23. Prüfung durch die Rechtsabteilung, ggf. Widerspruch*
Sie sehen, professionelle Angebote abzugeben, ist durchaus ein komplexer Prozess. Finden und definieren Sie den Ihren und achten Sie dabei auf alle Schnittstellen, Knackpunkte und Eventualitäten.

Angebotspräsentation
Sie sollten darauf achten, Ihr Angebot möglichst immer persönlich präsentieren zu können. So haben Sie die Chance, direkt ein Feedback, und sei es auch nur nonverbal, von Ihren Kunden zu bekommen.

3.4 Kundenwertanalyse

Ihr Prozess ist analysiert, Ihre Ressourcen geplant, aber lohnt es sich auch, in diese Kunden zu investieren?

Nach dem Knappheitsprinzip, das Sie ja nicht nur aus der BWL-Vorlesung, sondern vor allem auch aus der Praxis kennen, stehen nie genug Ressourcen zur Verfügung, um alle Kunden gleich perfekt zu betreuen. Die entscheidende Frage lautet also: Welche Betreuungsmaßnahmen für welchen Kunden?

Denn auch in der Kundenbetreuung muss gelten: konsequente Ertragsorientierung! Wenn von 20 Außendienstmitarbeitern jeder immer noch 120 bis 150 Kunden betreut, liegt hier wahrscheinlich ein Höchstmaß an Unwirtschaftlichkeit vor. Eine Break-Even-Analyse kann Ihnen sagen, bei welchen Umsätzen bzw. Deckungsbeiträgen ein Kunde betreuungswürdig ist bzw. wann er an den Innendienst, das Call-Center, delegiert werden sollte. Wie hat kürzlich ein Vertriebsleiter zu uns gesagt: „Wir stellen immer wieder fest, dass Außendienstmitarbeiter Kunden regelmäßig besuchen, nur weil sie auf dem Nachhauseweg liegen oder eine gewachsene Beziehung zu ihnen besteht." Deshalb: Geben Sie Ihren Mitarbeitern genaue Zahlen an die Hand. Bewerten Sie Ihre Kunden, sodass der Außendienst seine Ressourcen kundenwertorientiert einsetzen kann.

> ***Statt strenge Vorgaben über Frequenz und Dauer zu geben ist es besser, Ihre Außendienstmitarbeiter konsequent zu Unternehmern im Unternehmen zu erziehen. Dann konzentrieren sie sich von selbst auf die wertvollsten Kunden.***

Im Folgenden stellen wir Ihnen sechs verschiedene grundsätzliche Modelle zur Kundenwertanalyse vor, denen wir anschließend je einen kurzen Abschnitt widmen:

Kundenwertanalysemodell im Überblick

1. Einfache Definition von Betreuungs- und Investitionskunden (2 Klassen),
2. klassische ABC-Analyse (3 Klassen),
3. Portfolio-Analyse Ihrer Kunden nach zwei Dimensionen (4 oder 9 Klassen),
4. Portfolio-Analyse mit sprechenden Schlüsseln,
5. ausgefeilteres Modell: Portfolio-Analyse mit drei Dimensionen (z.B. 27 Klassen),
6. Scoring-Modell mit vielen Kriterien, die zu einem Wert addiert werden, und
7. zukunftsorientierter Ansatz: Kundenlebenszyklus-Analyse.

> ***Auch hier gilt natürlich wieder: Finden Sie für Ihre Branche, für Ihr Unternehmen das richtige Modell.***

Vorab noch einige Fakten zum Stand der Kundenwertorientierung in größeren deutschen Unternehmen. Die Firma Wundermann Consulting hat 2004 in einer Studie in der Industriegüterbranche bei vorwiegend mittelgroßen Unternehmen mit Jahresumsätzen zwischen 50 und 500 Mio. Euro 465 Vertriebsleiter, Marketingleiter und Geschäftsführer befragt. Nach dieser Studie setzen zurzeit überhaupt nur 39 % der Unternehmen eine systematische kundenwertorientierte Steuerung im Vertrieb ein. Dort, wo Verfahren zur Kundenwertorientierung eingesetzt werden, dominieren ABC-Analysen nach Umsatz. Dann folgen Kundenbefragungen, Kundendeckungsbeitragsrechnungen und ABC-Analysen nach Deckungsbeitrag.

Die befragten Unternehmen steuern mit den Ergebnissen der Kundenwertanalyse ihre Messeplanung, ihre Gebietsplanung, ihre Bearbeitungsintensität, Ihre Kontaktfrequenz, den Service, die Rabatte, die Produktlösungen, die Preise und die Lieferpräferenzen. So die Topantworten.

Neben dem Verfahren (ABC oder Portfolio) sind natürlich vor allem die Kriterien interessant, nach denen bewertet wird. Wir unterscheiden zwischen

- monetären und nicht monetären Kriterien und
- Kriterien mit Gegenwartsbezug und Kriterien mit Zukunftsbezug.

Im Einzelnen sind das z.B.:

- Umsatz-Ist,
- aktuelles Umsatzpotenzial,
- Kundenbindung oder -treue, sprich: Unser Umsatzanteil beim Kunden,
- Bonität des Kunden und
- Kundenzufriedenheit, v. a. ermittelt aus Befragungen, und
- der Deckungsbeitrag.

Die Kriterien mit Zukunftsbezug sind z.B.:

- das mögliche Umsatzwachstum des Kunden, also sein Wachstum und sein Bedarfswachstum, und
- die Prozesskostenrechnung, das heißt die Berücksichtigung aller bei uns anfallenden Kosten, um diesen Kunden zu gewinnen, zu beliefern oder zu betreuen.

3.4.1 Modelle der Kundenwertanalyse

Nachdem wir über Verfahren und Kriterien im Allgemeinen gesprochen haben, lassen Sie uns nun die sechs Modelle genauer beleuchten.

Definition von Betreuungs- und Investitionskunden
Dies ist das einfachste Verfahren, um eine gewisse Kundenklassifikation vorzunehmen. Sie legen ein Kriterium mit einer Größe fest, z.B. den Umsatz. Wer dann z.B. mehr als diese bestimmte Summe Umsatz p. a. mit Ihnen macht, ist ein Investitionskunde, in ihn wird weiter investiert. Alle anderen Kunden unter dieser Umsatzschwelle werden von Ihnen nur nach Standardprozessen oder gar nicht mehr persönlich, sondern im Call-Center betreut. Natürlich sind viele andere digitale Entscheidungskriterien denkbar. Es ist besser, Sie machen solch einen kleinen ersten Schritt zur Kundenklassifizierung als – wie in 61 % der von Wundermann befragten Unternehmen – gar keine Klassifizierung. Das gilt erst recht für kleinere Unternehmen, in denen man eine noch geringe Quote vermuten kann.

> ***Im kleinen Betrieb muss man natürlich aufpassen, nicht ein zu mächtiges, zu aufwändiges Instrument auszuwählen.***

Klassische ABC-Analyse
Die ABC-Analyse nach Umsatz ist das klassische Kundenselektionsverfahren. Rund 84 % der von Wundermann befragten Unternehmen setzen diese Methode ein. Als Beispiel: A-Kunden machen mehr als 500 T Euro Umsatz p. a., C-Kunden machen weniger als 100 T Euro Umsatz p. a., B-Kunden liegen dazwischen. In kleineren Unternehmen sind die Zahlen ggf. um eine Null kleiner, in größeren um eine Null größer.

Eine Umsatz-ABC-Analyse kann Ihnen wertvolle Hinweise geben
- auf den Grad der Abhängigkeit von Großkunden (z.B. die zwei größten Kunden bringen 92 % des Umsatzes),
- auf den Grad der Verzettelung mit Kleinkunden (z.B. 90 % aller Kunden tragen nur 7 % zum Gesamtumsatz bei).

Dem stehen jedoch auch gravierende Nachteile gegenüber:
- Der Umsatz ist eine zweifelhafte Maßgröße für die Kundenwertigkeit. Was nützt Ihnen der hohe Umsatz eines Kunden, wenn er Sie durch negative Deckungsbeiträge geradewegs in die roten Zahlen führt.
- Wirklich relevant sind eigentlich nur Umsatzerlöse, hinter denen auch zahlungskräftige Kunden stehen.

- Umsatzerlöse sind Vergangenheitswerte und für Zukunftsentscheidungen maximal als Basis für Prognosen tauglich.

Aus diesen Gründen macht es vielfach Sinn, die ABC-Analyse um weitere – auch weiche – Kriterien (wie beispielsweise Kaufwahrscheinlichkeit, strategisch wichtig, Referenzkunde etc.) zu erweitern oder auch eine Deckungsbeitrags-/Ergebnis-ABC-Analyse zu verwenden.

Eine Problematik bleibt: Wer sagt, dass ein C-Kunde von heute morgen nicht zum A-Kunden wachsen kann? Und unser C-Kunde kann beim Wettbewerb ein A-Kunde sein!

Deshalb ist der nächste logische Schritt ein Kundenportfolio-Management mit zwei Dimensionen.

Portfolio-Analyse mit zwei Dimensionen

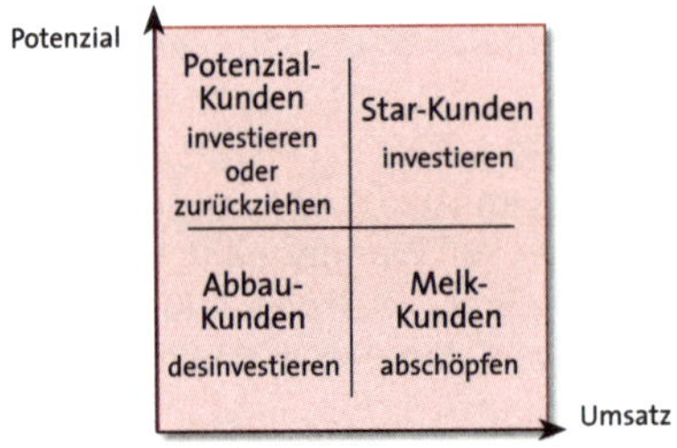

Abb. 3.10: Portfolio-Analyse

Die Abbildung verdeutlicht das Prinzip am Beispiel eines Umsatz-Potenzial-Portfolios. Man bildet ein Portfolio mit den Achsen „Umsatz" und „Potenzial" und bekommt folgende vier Kundenklassen:

- Feld 1: Die Starkunden, mit hohem Umsatz und hohem Potenzial. Das sind unsere Umsatzstars. Gute Abnehmer, weiteres Wachstum. Strategie: fördern, investieren und auf die Vertriebskosten achten.
- Feld 2: Die sog. „Melkkunden". Sie machen zwar viel Umsatz, versprechen aber wenig weiteres Wachstum. Für sie gilt folgende Strategie: Position halten und Erträge erzielen.
- Feld 3: Die sog. Potenzialkunden kaufen zurzeit noch relativ wenig, könnten aber kräftig wachsen. Hier könnten Sie mehr investieren, als dieses Ihnen im ersten Augenblick einbringt. Denn die Potenzialkunden von heute könnten die Starkunden von morgen sein.

Beachten Sie aber unbedingt Ihre Exit-Kriterien. Vielleicht sollten Sie sich hier auch besser zurückziehen, weil der Wettbewerb eine marktführende Position innehat.

- Feld 4: Die Abbaukunden haben geringe Liefermengen und versprechen kaum Wachstum. Deshalb gilt hier die Strategie, mit möglichst geringen Kosten diese Kunden zu betreuen.

Portfolio-Analyse mit sprechenden Schlüsseln

Während Klassen oder die vier Felder aus der Portfolio-Analyse nur Grundlagen für eine oberflächliche prioritätenbezogene Kundenbetreuung liefern – ein nach Umsatz sehr gewichtiger Kunde kann z.B. für das aktuelle neue Produkt völlig unwichtig sein –, erlauben differenzierte „sprechende" Kundenschlüssel treffgenauere Kundenansprachen.

Beispiel

Skala 1: Potenzialschlüssel

A-Kunde	= Umsatzpotenzial	> 1 Mio €
B-Kunde	= Umsatzpotenzial	0,5–1 Mio €
C-Kunde	= Umsatzpotenzial	100.000–500.000 €
D-Kunde	= Umsatzpotenzial	10.000–100.000 €
E-Kunde	= Umsatzpotenzial	< 10.000 €

Skala 2: Diffusionsschlüssel

1	= Programmabdeckung	> 80 %
2	= Programmabdeckung	50–80 %
3	= Programmabdeckung	20–50 %
4	= Programmabdeckung	< 20 %

Hier können Sie bereits interessante Details herauslesen. Nur zwei Interpretationen als Beispiel: B4-Kunden haben ein hohes Potenzial, aber nur eine geringe Sortimentsabdeckung, sind also für Akquisitions- und vor allem Cross-Selling-Strategien zu empfehlen. A1-Kunden haben ein hohes Potenzial, allerdings ist hier unser Sortiment bereits breit abgedeckt. Hier geht es mehr um Potenzialausschöpfung.

Die Nachteile des hier beschriebenen Portfolio-Modells liegen klar auf der Hand. Wir haben zwar ein zukünftiges Umsatzwachstum des Kunden berücksichtigt, machen aber noch keine Aussage über die Attraktivität des Kunden für uns; sprich: die erzielten Deckungsbeiträge bzw. die in Zukunft zu erzielenden Deckungsbeiträge.

Scoring-Modell
Sollen noch mehr Dimensionen in Ihre Kundenwertanalyse einfließen, bietet es sich an, ein Scoring-Modell einzusetzen. Hier können Sie eine Vielzahl von relevanten, quantitativen und qualitativen Parametern berücksichtigen, die dann in einer gewichteten Summe den Wert (die Priorität) Ihres Kunden bestimmen. Hier eine Übersicht von häufig in der Praxis verwendeten Parametern (zwangsläufig nicht vollständig):

Kaufmännische Parameter	*Technische Parameter*
• *Umsatz heute* • *Umsatzpotenzial/Einkaufsbudget* • *Eigener Anteil am relevanten Einkaufsbudget* • *Deckungsbeitrag* • *Bonität* • *Zahlungsmoral* • *Betreuungsaufwand* • *Kooperationsverhalten* • *Referenzwert (Ist er eine gute Referenz?)*	• *Bedeutung unserer Produkte/Dienstleistungen für das Kundengeschäft* • *Zukunftspotenzial der eingesetzten Technologie (Lebenszyklus)* • *Verfügbarkeit nötiger Ressourcen* • *Absicherung der Lieferposition (USP, Patente, Systembindung des Kunden etc.)* *Falls Sie in Ihrer Praxis ein Scoring-Modell einsetzen wollen, müssen Sie sich zuerst Gedanken über die sinnvollen und möglichen (Datenquellen) Parameter machen.*

Zukunftsorientierter Ansatz: Kundenlebenszyklus-Analyse
Alle bisher hier vorgestellten Modelle zur Kundenwertanalyse sind nur Momentaufnahmen, selbst wenn man das erwartete Umsatzvolumen für die nächsten Jahre grob abschätzt. Bei zukunftsorientierten Ansätzen fließen auch Daten über den Verlauf und den Wert von Kundenlebenszyklen mit ein.

Besonders wichtig sind solche Customer-Lifetime-Value-Ansätze für Sie, falls Sie in Märkten mit Up-Selling und Cross-Selling-Potenzialen zu Hause sind.

Das gilt z.B. für Banken, Versicherungen, Kommunikationsdienstleister, Systemintegratoren etc. Ziel ist es, die Mitglieder einer Kundengruppe dauerhaft zu binden, also z.B. für eine Bank einen Berufsanfänger über die Jahre systematisch zu begleiten und sein Wertpotenzial optimal auszuschöpfen. Wir nennen den Kundenlebenszyklus deshalb auch gerne Kundenbindungszyklus.

Durch diese Sichtweise wird der Kundenwert zu einer kalkulierbaren Größe und Sie können in den einzelnen Phasen des Bindungszyklus besser entscheiden, ob sich eine Investition in eine Kundenbeziehung lohnt. Der Kundenwert ergibt sich nicht nur aus dem Umsatz, sondern im Prinzip aus drei Arten von Wertbeiträgen:

- monetärer Kundenwert (Umsatz, Deckungsbeitrag, Vollkostendeckung etc.),
- Informationswert (Wie stark profitieren Sie als Lieferant vom Know-how des Kunden?) und
- Referenzwert (In welchem Maße ist Ihr Kunde bereit, durch Referenz/Empfehlungen geben Ihren Wirkungskreis auszuweiten?).

Dieser Ansatz erfordert allerdings unbedingt den Einsatz eines integrierten CRM-Systems, um die erforderlichen Daten auch herleiten zu können. Dazu später mehr in Kapitel 6.

3.4.2 Abgeleitete Maßnahmen und Strategien

Sind Sie uns bisher gefolgt, um die Ausführungen in diesem Buch gleich als Leitfaden für Ihre Praxis zu nutzen, sind Sie jetzt wieder an der Reihe. Überlegen Sie: Welche strategischen Informationen möchten Sie aus Ihrer Kundenwertanalyse ableiten? Legen Sie dann die Kriterien fest. Überwinden Sie die typischen Schwierigkeiten, die üblicherweise auftreten, als da wären: Schwierigkeiten bei der Messung qualitativer Kriterien, fehlende bereichsübergreifende Standardisierung der Daten, zu wenige Informationen aus der Marktforschung, zu wenige Informationen über die Kunden, fehlende Möglichkeiten der IT-Systeme, aus technischen Gründen oder auch wegen mangelnder Datenaktualität.

Bevor Sie sich aber nun an die konkreten Maßnahmen machen und das Betreuungslevel (Kontaktfrequenz, Service-Level, Bearbeitungsintensität, mögliche Rabatte etc.) für die einzelnen Klassen festlegen, vergegenwärtigen Sie sich noch einmal die Ziele:

1. Vertriebsressourcen dem Kundenwert entsprechend zuteilen,
2. uninteressante Kunden identifizieren und günstiger betreuen, reaktivieren oder abbauen, um

3. mehr Effizienz und Ergebnisorientierung im Verkauf zu erreichen;
4. Wertgruppen bilden, um die strategische Planung zu unterstützen,
5. Aktion statt Reaktion in der Vertriebsorganisation und
6. wertorientierte individuelle Betreuung der Kunden.

Neben dem Betreuungslevel sollten Sie auch noch operative Strategien aus der Kundenwertanalyse ableiten.

Um eine operative Portfolio-Analyse zu betreiben, können Sie sich z. B. folgende Fragen stellen:

- Bringen Großkunden die höchsten und Kleinkunden ausreichende Deckungsbeiträge?
  (Umsatzanteile des Kunden Kunden-Deckungsbeiträge, siehe Abb. 3.11 auf der folgenden Seite)
- Haben wir bei den umsatzstärksten Kunden auch die höchsten Lieferanteile?
  (Umsatzanteile der Kunden ↔ eigene Lieferanteile bei den Kunden, siehe Abb. 3.12 auf der folgenden Seite)
- Sind unsere zufriedenen Kunden auch treu?
  (Kundenzufriedenheitsindex ↔ Loyalität, siehe Abb. 3.13 auf der folgenden Seite)
- Sind unsere Umsatzträger mit uns auch zufrieden?
  (Umsatzanteile der Kunden ↔ Kundenzufriedenheitsindex)
- Haben wir uns hohe Lieferanteile mit schlechten Preisen erkauft?
  (Eigene Lieferanteile bei den Kunden ↔ Kunden-Umsatzrenditen)
- Steht der Betreuungsaufwand im richtigen Verhältnis zur Kundengröße?
  (Umsatzanteile der Kunden ↔ Betreuungsaufwand)
- Bei welchen Kunden führt ein hoher Akquisitionsaufwand nur zu kleinen Lieferanteilen?
  (Eigene Lieferanteile bei den Kunden ↔ Betreuungsaufwand)
- Welche unserer Kleinkunden haben hohe Einkaufsbudgets?
  (Eigene Lieferanteile bei den Kunden ↔ Einkaufsbudgets-/Einkaufspotenziale-/Chancenpotenziale-Portfolio)

Aus diesen so genannten operativen Portfolio-Analysen lassen sich trefflich Vertriebsstrategien ableiten. Wo steckt in Ihrer Vertriebsorganisation noch strategisches Potenzial?

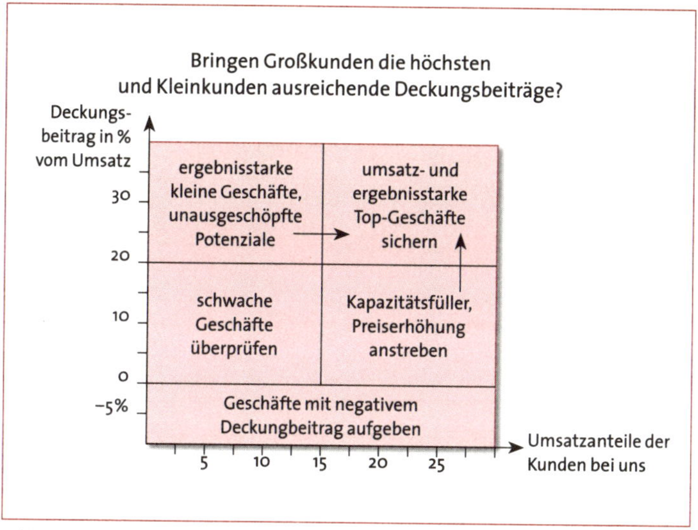

Abb. 3.11: Kundenrendite-Portfolio

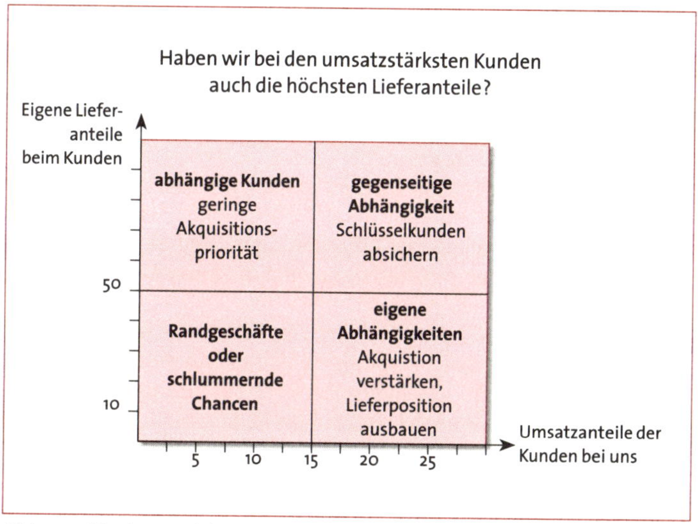

Abb. 3.12: Macht-Portfolio

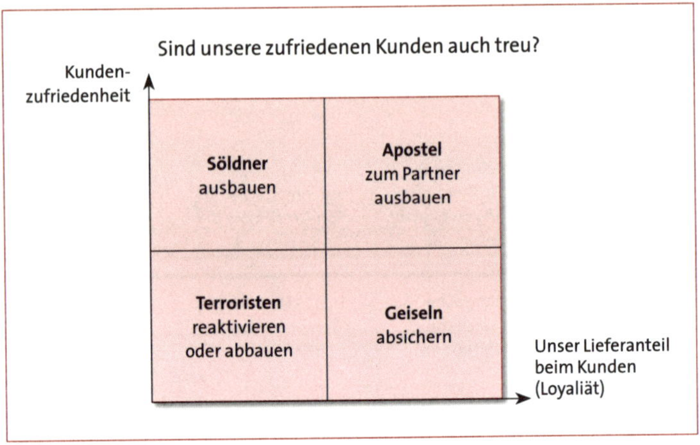

Abb. 3.13: Portfolio zur Qualität der Zusammenarbeit

Jetzt klassifizieren Sie Ihre Kunden und legen Sie entsprechende Maßnahmen für die einzelnen Kundenklassen fest. Bedenken Sie: Nur wenn Sie aus den Ergebnissen auch operative Strategien und Aktivitäten ableiten, macht eine Kundenwertanalyse Sinn.

Mögliche Aktivitäten für Top-Kunden könnten sein:

1. Detaillierte Kundenplanung: Dazu gehören z.B. die systematische Ausweitung der Kontaktebenen, Kommunikations-, Angebots- und Argumentationsstrategien.
2. Individuelle Angebotspakete: Sie können für bestimmte Kunden maßgeschneiderte Angebote (Preise, Konditionen, Lieferzeiten etc.) erstellen, die genau auf ihre Anforderungen zugeschnitten sind. So können Sie aktiv eine höhere Kundenzufriedenheit und -bindung erreichen.
3. Exklusiv-Produkte: Für Ihre Key-Accounts können Sie spezielle, an deren Wünsche angepasste Produkte oder Dienstleistungen kreieren. Dank höherer Abnahmemengen kann sich das für Sie lohnen. Natürlich beeinflussen Sie auch hierdurch die Kundenbindung positiv.
4. Übernahme von Arbeitsprozessen: Sie können beispielsweise auch ganze Arbeitsschritte von Ihrem Kunden übernehmen. Mit dieser Art der strategischen Partnerschaft bieten Sie Ihrem Kunden eine Chance zur Produktivitätssteigerung. So können Sie sich als echter

Partner etablieren, und nicht mehr der Produktpreis, sondern der Beitrag zum Geschäftserfolg des Kunden steht im Fokus.

Kundenwertanalyse

- *Hat unsere Kundensegmentierung einen konkreten Nutzen? Oder ist sie nur Selbstzweck?*
- *Erfassen wir die strategische Bedeutung? Achten wir darauf, dass wichtige Meinungsmacher und Multiplikatoren in der quantitativen Segmentierung nicht untergehen?*
- *Achten wir auf die disziplinierte Datenpflege? Haben wir diesen Punkt in die Zielvereinbarungen für die Mitarbeiter aufgenommen?*
- *Nutzen wir die Möglichkeiten der Standard-Datenpflege und –Anreicherung durch externe Lieferanten?*
- *Haben wir eine Freigabe-Schleife bei der Änderung von kritischen Kriterien (andere Preisliste, keine Bemusterung, schlechteres Service-Level etc.)? Informieren wir unsere Kunden vorab über die Änderungen?*
- *Ist die Segmentierung Basis für die Jahresplanung? Wenden wir die Kriterien so an, dass nur wirklich bedeutsame Kunden individuell geplant werden?*
- *Überprüfen wir die Segmentierung regelmäßig? In welchen Zeitabständen?*

3.5 Vertriebsprozess Kundenausbau

Ziel dieses Vertriebsprozesses ist es nicht mehr, neue Kunden zu gewinnen, es geht auch nicht darum, zufriedene Kunden zu gewinnen. Das Ziel dieses Vertriebsprozesses (der die Stufen 5 bis 8 umfasst) muss es sein, loyale Kunden zu gewinnen, Telling Customer, also aktive Empfehlungsgeber. Denn nach einer Erhebung der Unternehmensberatung Bain & Company sind nicht, wie viele Unternehmen glauben, zufriedene Kunden automatisch auch gewinnbringend, nein, Wachstumsträger sind allein loyale Kunden. Besonders diejenigen unter ihnen, die ein Unternehmen ohne Einschränkung Geschäftsfreunden und Geschäftspartnern weiterempfehlen, bieten das größte Potenzial.

Und dieser Prozess soll noch mehr erreichen. Er soll Ihre loyalen Kunden zu Partnern ausbauen, denn nur eine partnerschaftliche Zusammenarbeit mit zumindest einigen Ihrer Kunden ist die Gewähr für ein Verschmelzen mit Ihrer Zielgruppe und somit für den Geschäftserfolg von morgen und übermorgen.

3.5.1 Stufe 5: Kundenpflege

Nun ist er also Kunde, Ihr Interessent. Er hat gekauft. Wir hoffen, der Trichter ist an dieser Stelle breit genug, so dass wirklich viele Kunden diese Stufe erreichen. Aber was nun?

Jetzt kommt es darauf an, Ihre Ressourcen zur Kundenbetreuung und Kundenpflege optimal, sprich: effizient einzusetzen und dabei gleichzeitig das Risiko zu minimieren, dass Ihr Kunde zum Wettbewerber wechselt.

E-Mails sind mittlerweile das wichtigste Medium in der Kommunikation zwischen Unternehmen und Kunden. Ein Grund für den Siegeszug der elektronischen Post ist leicht auszumachen: niedrige Kosten. Telefonische Beratung eines Kunden schlägt im Schnitt mit bis zu 8 Euro zu Buche, E-Mails sind nur halb so teuer. Eine intensive persönliche Beratung, welche noch deutlich teurer kommt, wird sich deshalb zukünftig auf margenstarke Kunden beschränken. Auf der anderen Seite können Sie sich natürlich im wahrsten Sinne des Wortes hier auch „totsparen" und wechselbereite Kunden reihenweise durch unpersönlichen Service an den Wettbewerb verlieren.

Ihr Ziel hier in dieser Phase „Kundenpflege" muss es daher sein, Ihre Kunden zu binden und zu entwickeln. Von der Erhaltung über die Ausschöpfung und Entwicklung bis zur Erschließung, zum vollständigen Kundenbesitz. Für welche Kunden Sie mit welcher Strategie agieren können und ob es sich lohnt, haben Sie ja im vorhergehenden Kapitel analysiert.

> *Um wechselbereite Kunden langfristig zu halten, müssen Sie alle Abteilungen mit Kundenkontakt auf die Vertriebsunterstützung einschwören und ein gemeinsames kundenorientiertes Auftreten sicherstellen.*

Lieferdienst und Service

Der erste Kontakt des Kunden mit Ihrer Firma nach dem Abschluss ist in der Regel Ihr Lieferdienst oder Ihr Installationsteam. Welche Prozessschritte sind sinnvoll, welche Maßnahmen nötig, um Ihrem Kunden hier das Gefühl zu geben, dass er die richtige Entscheidung getroffen hat? Bedenken Sie: Fast jeder Kunde spürt Kaufreue.

Nach der Lieferung kommt, richtig, der Service. Früher oder später braucht der Kunde Sie. Entweder weil er Probleme bei der Bedienung hat, Ihr Produkt erste Reparaturen erfordert oder Ihre Dienstleistung nicht mehr nachhaltig wirkt.

Wie gut ist unser Service?

- *Erklärungsbedürftige Produkte liefern wir mit einer leicht verständlichen Bedienungsanleitung.*
- *Wir bieten auf unsere Produkte und Dienstleistungen eine überdurchschnittliche Garantie.*
- *Unser Reparaturdienst arbeitet schnell, präzise und zuverlässig.*
- *Auf Wunsch erhält der Kunde während der Reparatur ein Ersatzgerät zur Verfügung gestellt.*
- *Unsere Kundschaft wird regelmäßig über Änderungen und Verbesserungen (Updates) der gekauften Produkte informiert.*
- *Reklamationen werden kulant und zuvorkommend behandelt. Dem gesamten Personal ist klar, welche Chancen Reklamationen in sich bergen.*
- *Das gesamte Personal wird regelmäßig in korrekter Reklamationsbehandlung geschult.*

Serviceführerschaft

Viele kleine und mittelständische, aber auch einige große Unternehmen entscheiden sich heute für den Weg zur Serviceführerschaft, um so ihre Kunden zum Kaufen einzuladen. Doch die Umsetzung dieser Strategie erweist sich in der Realität meist schwieriger als zunächst gedacht. Denn Serviceorientierung muss bei jedem einzelnen Kundenkontakt gelebt werden. Ansonsten wird es kaum gelingen, Kunden langfristig für sich zu begeistern. Es gibt jedoch auch eine ganze Reihe von Unternehmen, die es geschafft haben, zusammen mit ihren Mitarbeitern eine exzellente Servicephilosophie zu erarbeiten.

Am Beispiel einer Hotelkette möchten wir Ihnen die erfolgreiche Grundstruktur eines solchen Servicekulturprozesses erläutern.

Beispiel: Servicekulturprozess

Im ersten Schritt hatten dort alle Zimmermädchen die Aufgabe, folgende Frage für sich zu beantworten: Wenn Sie als Gast in unser Hotel kämen, woran würden Sie am konkreten Verhalten der Zimmermädchen erkennen, dass diese einen Extraaufwand für Sie machen und Sie als Gast persönlich willkommen sind?

Lesen Sie so manche deutsche Servicephilosophie, dann steht da Freundlichkeit und Höflichkeit gegenüber dem Gast. Darunter kann man sich so ziemlich alles vorstellen. Die Antwortliste unserer Zimmermädchen war da schon umfangreicher und vor allem wesentlich konkreter. Z.B.: „Wenn ich es mit meinem Mann eilig hätte und wir würden zu einem Geschäftstermin gehen, dann möchte ich, dass die Zimmermädchen uns kurz und freundlich grüßen. Wenn wir dagegen eher herumschlendern, weil wir im Urlaub sind, dann hätte ich gerne, dass die Zimmermädchen uns ansprechen, etwas Small Talk machen und uns beispielsweise auf Sehenswürdigkeiten hinweisen und uns Insidertipps geben".
Im zweiten Schritt haben sich neben den Zimmermädchen auch Gärtner, Kellner und Verwaltungsangestellte mit dieser und ähnlichen Fragen beschäftigt und konkrete praxisnahe Serviceideen formuliert. Diese Servicephilosophie wird tagtäglich gelebt, auch wenn die Leistung am Kunden über den eigentlichen Aufgabenbereich hinaus reicht.
Im letzten Schritt wurden die einzelnen Ergebnisse zu einer hotelweiten Servicephilosophie weiterentwickelt und letztlich entstand so durch die Mitarbeit aller die weltweite Servicephilosophie der SAS Radisson Hotels. Das ganze Team wurde so zu einer Mannschaft zusammengeschweißt, die auf Ihren exzellenten Servicestandard, den sie sich selbst gegeben hatte, entsprechend stolz ist. Sie sehen, Service betrifft nicht nur den Vertrieb. Serviceorientierung ist natürlich im Vertrieb und in der Kundenberatung sehr wichtig. Jedoch verschenken Sie mögliche Umsatzzuwächse, wenn Sie nicht alle Mitarbeiter Ihres Unternehmens in die Entwicklung von Serviceideen einbinden.

Customer Care Call-Center

Wie kundenorientiert ist eigentlich Ihr Call-Center? Wie lange hängen Ihre Kunden in der kostenpflichtigen Warteschleife, bis sie den ersten persönlichen Kontakt haben? Diese Frage stellt sich natürlich auch, wenn Sie gar nicht groß genug für ein Call-Center sind, sondern die Kunden direkt bei Ihnen anklingeln. Durch wie viele von Computerstimmen animierte Menüs muss sich Ihr Kunde drücken, bis er bekommt, was er will – nämlich Hilfe?

Wie oft werden Ihre Kunden im Schnitt verbunden, bis sie den Mitarbeiter am Telefon haben, der ihr Problem dann letztendlich löst? Ist Ihr Call-Center (bzw. der Platz, wo die Anrufe anlanden) ein Customer Care Call-Center oder dient es nur dazu die Kosten Ihrer Firma zu senken? Wann haben Sie das letzte Mal in Ihrem Call-Center angerufen (bzw. den Test gemacht, Ihre Firma einmal von außen anzurufen)? Wann haben Sie Ihre Mitarbeiter nach Verbesserungsideen befragt? Auch hier schlummert in der Regel ein großes Verbesserungspotenzial, Prozesse effizienter und kundenorientierter zu gestalten.

3.5.2 Stufe 6: Zufriedene Kunden betreuen

Warum betreuen Sie Ihre Kunden? Klar, weil Sie weiterhin mit ihnen Geschäfte machen wollen. Und mit den Augen der Kunden betrachtet? Klar, weil der Kunde weiterführende Problemlösungen von uns braucht. So zumindest lautet die routinierte Antwort vieler Vertriebler. Unter Problemlösung verstehen sie natürlich solche, die um Ihr Produkt herum erforderlich werden, z.B. anwendungstechnische Beratung etc.

> *In Wirklichkeit lösen Sie damit aber nicht die Probleme Ihres Kunden. Sie lösen höchstens die Probleme, die er hat, weil er mit Ihren Produkten arbeitet.*

Ihre Betreuung sollte deshalb mehr bieten. Speziell im B2b sollte die Frage in der Kundenbetreuung lauten: Wie können Sie Ihrem Kunden helfen, zukünftig noch bessere Geschäfte zu machen? Wie kann Ihr Kunde mit Hilfe Ihrer Produkte seine Produkte besser vermarkten? Wie erreicht er selbst eine höhere Produktivität? Wie können seine Mitarbeiter besser qualifiziert und motiviert werden? Wie erreicht er günstigere Herstellungskosten? So heben Sie sich über das Erkennen und Lösen von echten Kundenproblemen spürbar vom Wettbewerb ab.

Jahresvereinbarung
Ein Instrument, um solche Maßnahmen organisatorisch umzusetzen, ist eine Jahresvereinbarung mit Ihren Zielkunden. Der Abschluss einer innovativen Jahresvereinbarung im obigen Sinn als Partnerschafts-Kundenentwicklungs-Programm bringt in der Regel stabilen Zusatzerfolg.

Definieren Sie zunächst die Kunden, für die sich der Abschluss von Jahresvereinbarungen lohnt. Dies können Kunden sein, bei denen Ihr Lieferanteil über 50 % liegt. Oder Kunden, die selbst ein stabiles Wachstum in den folgenden Jahren versprechen. Prüfen Sie doch einmal Ihre Kundenwertklassen: Wen sollten Sie auf diese Art ausbauen?

Wenn dann Ihr Vertriebsmitarbeiter noch bestätigt, dass der Kunde grundsätzlich kooperationswillig ist, steht der Ernennung zum Zielkunden nichts mehr im Wege. So konzentrieren Sie Ihre Energie, um das Ertrags- und Umsatzwachstum über Jahresvereinbarungen zu realisieren.

Durch die Jahresvereinbarung erreichen Sie ein hohes Maß an Verbindlichkeit in der Zusammenarbeit mit den Zielkunden.

Sie zwingen sich über das Instrument der Jahresvereinbarung zumindest einmal im Jahr umfassend und gründlich über die Kundenbeziehung nachzudenken und nach Erfolgssteigerungsmöglichkeiten in beiderseitigem Interesse zu suchen.

Insbesondere regelt die Jahresvereinbarung auch verbindlich die Inhalte von Leistung und Gegenleistung. Festgelegt werden Art und Inhalt sowie Häufigkeit der vereinbarten Maßnahmen, die zu erreichenden Zielsetzungen, die damit verbundenen Kosten und ihre Aufteilung.

Es bleibt die Frage, was Ihr Kunde davon hat, wenn er mit Ihnen eine Jahresvereinbarung abschließt. Ihr Kunde erhält seinerseits attraktive Zusatzleistungen, die auf seine Problemlösungen abgestellt sind. Aufgrund einer Jahresvereinbarung kann sich Ihr Kunde auf die von Ihnen gemachten Zusagen verlassen. Seinerseits wird auch er seine Ressourcen auf die Lösung seiner Probleme bzw. die Erreichung seiner Zielsetzung konzentrieren. Ja, vielleicht helfen Sie ihm sogar erst, das eine oder andere Problem zu erkennen, zu analysieren und zu lösen.

Servicelevel-Agreement

Eine andere Möglichkeit mit einem Kunden eine verbindliche Vereinbarung zu treffen, die beide Seiten verpflichtet, ist der Abschluss eines sog. Servicelevel-Agreements. Dort legen Sie genau fest, auf welchem Niveau Sie Service liefern, an wie vielen Tagen pro Woche Sie wie viele Stunden bereitstehen und in welcher fachlichen Tiefe. Dafür zahlt Ihr Kunde in der Regel ein pauschales Honorar. So binden Sie Ihren Kunden und Ihr Kunde hat verlässliche Grundlagen zur Kalkulation seiner Servicekosten. In ein Servicelevel-Agreement können Sie die oben beschriebene Maßnahmenfülle einbauen. Nur, dass das Servicelevel-Agreement einen deutlich verbindlicheren Charakter hat.

Die kurzen Beispiele zeigen, dass Kunden zu betreuen vielfach recht aufwändig ist. Deshalb macht es mehr denn je Sinn, die Kunden zu klassifizieren und nicht jedem Kunden das volle Maß an Service zur Verfügung zu stellen.

3.5.3 Stufe 7: Telling Customer / aktiver Empfehlungsgeber

Auf dieser Stufe befinden sich Ihre guten Kunden. Die, die Sie auch weiterempfehlen und so auch als Referenzkunde zur Verfügung stehen.

Warum brauchen Sie Empfehlungen?
Ohne ein systematisches Empfehlungsgeschäft und ohne ein funktionierendes Netzwerk werden Sie es in Zukunft immer schwerer haben. So einfach ist das – oder eben auch nicht. Denn auf die Frage: „Wie wichtig ist Empfehlungsgeschäft?" antworten die meisten unserer Kunden: „sehr wichtig!". Doch die nächste Frage zeigt, dass es eine große Lücke zwischen Anspruch und Wirklichkeit gibt. „Wie viel Prozent Ihres Neugeschäfts basierten auf Empfehlungen?" „Über 50 %" oder sogar „über 75 %" antworten nur die wenigsten. Dabei ist das Empfehlungsgeschäft richtig verstanden, akzeptiert und umgesetzt das einfachste Geschäft.

Rufen wir uns doch noch einmal die Notwendigkeit des Empfehlungsgeschäfts ins Gedächtnis zurück: Neukunden gewinnen wird immer teurer und risikoreicher. Klassische Werbung versagt immer mehr und führt bestenfalls zu Imagebildung. Und der Kunde wird immer kritischer und unkalkulierbarer. Andererseits ist kein Kunde eine einsame Insel. Er kennt immer eine ganze Menge Leute, denn er hat längst sein privates und berufliches Netzwerk. Ihre Vorteile liegen auf der Hand. Ihr Kunde hat ständig Kontakt mit Herrn Müller, Meier oder Frau Weber. Er weiß, dass Herr Meier nie so etwas kaufen würde, dass aber Herr Müller und Frau Weber das letzte Mal bereits erwähnten, etwas von Ihrem Angebot gebrauchen zu können. Idealer geht es nicht. Jetzt müssen Sie nur Ihren Kunden aktivieren, damit er Sie ins Gespräch bringt. Tun Sie es nicht, tut es ein anderer und Sie müssen mindestens einige 500-Euro-Scheine investieren, um einen Neukunden mit klassischer Kaltakquise zu gewinnen.

Sollte Ihr Empfehlungsgeschäft nicht bereits bei 75 % des Neugeschäfts liegen, sollten Sie ernsthaft darüber nachdenken, wie Sie Ihr Empfehlungsgeschäft systematisieren und erfolgreicher gestalten wollen.

Profitieren Sie dabei von den Erfahrungen des Autors. Er hat in den Jahren als Vertriebsmitarbeiter im B2c-Vertrieb mehr als 98 % seiner Kunden über Empfehlungen gewonnen. Und auch heute als Berater im B2B-Vertrieb sind immer noch mehr als 80 % aller Neukunden Empfehlungskunden. Wir wissen, dass ein zufriedener Kunde Ihrer Firma es mindestens drei weiteren potenziellen Kunden erzählt. Die Frage ist nur, kennen Sie diese drei potenziellen Kunden?

Konzentrieren wir uns auf die Chancen. Im Empfehlungsgeschäft – in systematisierter Form – schlummern noch erhebliche Reserven.

Möglichkeiten des Empfehlungsmarketings

Sie können Empfehlungen erstens über Ihr persönliches Netzwerk gewinnen. Welche Ihrer persönlichen Kontakte eignen sich als Multiplikatoren?

Der klassische Weg, Empfehlungen zu generieren, ist natürlich der Kunde. Zufriedene Kunden, loyale Kunden, Telling Customer, empfehlen Sie gerne weiter. Aber auch Ihre Techniker, Ihre Servicemitarbeiter, sprich: alle Mitarbeiter mit Kontakt zu potenziellen Kunden können als Empfehlungsgeber fungieren.

Eine weitere Möglichkeit ist der Dreiecksverkauf. Der systematische Aufbau von Beziehungen, mit dem Ziel, Netzwerke aufzubauen. Diese Netzwerke schaffen Kontakte und über die größere Anzahl an Kontakten gewinnen Sie wiederum neue Kunden und somit neue Kontakte. Entscheidend ist allerdings, dass die gewonnenen und ausgebauten Netzwerke auch genutzt werden.

Bei all dem ist darauf zu achten, dass es keine einseitige Ausnutzung des Kunden geben soll, sondern ein gegenseitiges Geben und Nehmen entsteht.

Es gilt, und das ist uns wichtig, auf beiden Seiten Spielregeln oder Umgangsformen einzuhalten. Nur wenn Ihr Kunde bzw. Ihre Kontakte auch dauerhaft profitieren, werden sie Sie gerne weiterempfehlen.

3.5.4 Stufe 8: Partner

Gerade in einem schwierigen Marktumfeld kommt der Pflege und der Bindung des Kundenstamms eine verschärfte Bedeutung zu. Um wechselbereite und dazu noch ertragsstarke Kunden langfristig zu halten und diese dank starker Loyalität zum Verkäufer für uns zu machen, sollte Ihr Unternehmen mit allen Abteilungen im Kundenkontakt unser Customeyes-Konzept verfolgen. Und die Kunden zu Partnern entwickeln. Für den Kunden stellt sich ja oft nicht die Frage, ob er überhaupt kaufen muss, sondern sehr häufig nur die Frage, wenn er kaufen muss, wo kauft er dann?

Doch wie soll man an Kunden verkaufen, die täglich beweisen, dass sie die Macht am Verhandlungstisch übernommen haben? Wie soll man in solch einem Umfeld Kunden dauerhaft gewinnen? Viele Vertriebsprofis lassen sich heute auf einen Preiskampf mit dem Wettbewerb ein, der sich nicht selten zur rentabilitätsbedrohenden Abwärtsspirale für alle Beteiligten entwickelt. Clienting nach Geffroy, das Total-Loyality-Marketing-Konzept von Anne Schüller oder unser Customeyes-Konzept, wir alle wollen nur eines: Wir möchten Ihren Kunden zum dauerhaften Kunden, zum Partner Ihres Unternehmens machen.

Dabei ziehen wir nur die Konsequenzen aus einer im Markt nicht mehr zu leugnenden Entwicklung:

> *Nicht länger die Verkäufer, sondern die Kunden bestimmen heute die Spielregeln, nach denen Verkaufen gespielt wird. Dies verlangt neue Einsichten und neue Verhaltensweisen, vor allem aber eine ganzheitliche Betrachtungsweise aus dem Blickwinkel des Kunden, customeyes eben.*

Daraus resultiert eine stärkere verkäuferische Einbindung aller Mitarbeiter sowie eine Fokussierung des Managements auf die Kundensicht. Customeyes will den Telling Customer, den loyalen Kunden, den Partner, der zuerst mit Ihrem Unternehmen zu einem Abschluss zu kommen versucht, bevor er sich nach Alternativen im Markt umsieht. Ja, einen Kunden, der mit Ihnen gemeinsam darüber nachdenkt, wie er und Sie bessere Geschäfte machen können.

Insbesondere in der After-Sales-Phase bewahrheitet sich, jeder Abschluss ist nur so gut wie die Mitarbeiter, die das Versprochene umsetzen. Dabei sollen geweckte Erwartungen nicht nur erfüllt, sondern durch den Einsatz von Begeisterung am besten noch übertroffen werden. Um so eine emotionale und nachhaltige Verbundenheit auszulösen. Die wachsende Beziehung soll individuell gepflegt und ausgebaut werden.

In manchen Branchen ist der Engpass für weitere Verkaufserfolge Ihr eigener Kunde, weil er nicht mehr abnimmt. Verkauft Ihr Kunde mehr, verkaufen Sie mehr. Die Frage, die sich hier also stellt, ist: Wie können Sie dazu beitragen, Ihre Kunden noch erfolgreicher zu machen?

Branchen-Know-how teilen

Überlegen Sie einmal: Verfügen Sie z.B. über Branchenwissen, mit dem Sie Ihren Kunden Wettbewerbsvorteile verschaffen und sie so enger an sich binden können? Oft ahnen Ihre Kunden gar nicht, wie viel Sie über ihr Geschäft wissen. Tatsächlich verfügen Sie in der Regel über Informationen, die für Ihre Abnehmer höchst wertvoll sind. Die sich Ihre Kunden aber nicht selbst erschließen können. Da Sie mit vielen ganz verschiedenen Abnehmern in Kontakt kommen, sehen Sie gewissermaßen aus der Helikopterperspektive die Wettbewerbssituation einer ganzen Branche, während Ihr Kunde meist nur einzelne Aspekte davon sieht. Diese umfassende Erfahrung können Sie nutzen, um Ihren Kunden einen Wettbewerbsvorteil zu verschaffen. Das bedeutet nicht, dass vertrauliche Details über das Geschäft eines Kunden an die Konkurrenz weitergegeben werden. Die Herausforderung ist vielmehr, aus der Übersicht über eine gesamte Branche nützliches Wissen für den Kunden zu ziehen. So können auch Sie Ihrem Kunden helfen, Betriebskosten zu senken oder Risiken zu verringern. Und werden Ihrerseits durch mehr Kundentreue und größeren Spielraum in der Preisgestaltung belohnt. Die Kenntnisse, die Sie Ihrem Kunden bieten können, sollen ihm helfen, Antworten auf Fragen zu finden, die ihm selbst verschlossen sind.

1. Was spielt sich anderswo in der Branche ab?
2. Wo stehe ich im Vergleich zu anderen?
3. Was geschieht, wenn ...?

Es gibt drei Strategien, mit denen Sie Ihren Überblick in zusätzlichen Nutzen für Ihre Kunden und in eigene Wettbewerbsvorteile umsetzen können. Jede dieser Strategien beantwortet eine der von Ihren Kunden gestellten Fragen.

1. Die erste Strategie besteht darin, dass Sie einfach Erfahrungen aus einem Teil der Branche an einen anderen weitergeben.

Beispiel

Ein führender Hersteller von Bohrmaschinen und Befestigungssystemen beherrscht diese Strategie meisterlich. Dieses Unternehmen macht praktisch seinen gesamten Umsatz mit Unternehmen der Bauindustrie. Zwar sind manche Abnehmer größer als unser Kunde und sogar selbst weltweit tätig, aber im Wesentlichen arbeiten Bauunternehmen nach wie vor innerhalb von Ländergrenzen. Seine Kunden verfügen daher nicht über die geografische Spannweite, um globale Entwicklungen der Bautechnik zu verfolgen, obwohl sie alle mit ähnlichen Problemen zu kämpfen haben. Dank seiner Präsenz in über 120 Ländern kann dieses Unternehmen seinen Kunden helfen, diese Lücken zu schließen. Ein Eckpfeiler dieser umfassenden Erfahrung ist das Direktverkaufssystem, in dem über 11.000 Mitarbeiter mit Kunden arbeiten und Informationen austauschen. Zusammen bringen sie es auf weltweit 100.000 Kundenkontakte pro Tag. Nur wenige Anbieter können solch integrierte Informationen liefern. Der Hersteller und seine Kunden sehen in der Kundenorientierung, dem anwendungstechnischen Know-how und der exzellenten Beratung Vorteile, die seine hohen Preise rechtfertigen.

2. Um die zweite Strategie anwenden zu können, entwickeln Sie Benchmarks, Rankings und Landkarten für die Firmen in Ihrer Branche. Diese geben Ihren Kunden anhand wichtiger Kriterien Auskunft über deren Position.

Beispiel

Ein Unternehmen im Internetbusiness hat Benchmarkingtools entwickelt, mit denen potenzielle Kunden sich mit führenden Internetunternehmen vergleichen und ihre eigene Situation diagnostizieren können. Diejenigen, die dann eine Internetstrategie verfolgen, stellen fest, dass der Lieferant der Studien viele Produkte und Dienstleistungen anbietet, durch die sie im Internet flexibler, effizienter und konkurrenzfähiger werden können.

3. Um die dritte Strategie anzuwenden, nutzen Sie von Ihnen zusammengefasste Kundenerfahrungen und verhelfen damit Ihrem Kun-

den zu Prognosen, deren Recherche für ihn zu kostspielig oder zu riskant gewesen wäre.

Sie sehen, es gibt verschiedene Möglichkeiten, wie Sie Ihr Branchenwissen gewinnbringend für Ihre Kunden einsetzen können.

Zugegebenermaßen ist die Realisierung eines solchen Konzeptes aufwändig. Erinnern Sie sich aber daran, dass Sie diesen Problemkatalog für Ihr eigenes Unternehmen bereits mehrfach gelöst haben. Sie verfügen über ganze Abteilungen, die sich diesen Problemlösungen widmen, und daraus kann dann die Idee entstehen, wie Sie Ihren Kunden am besten helfen können.

Kooperationen

Sie können sogar noch einen Schritt weiter gehen, bis zur konsequenten Kooperation.

Beispiel aus der Lebensmittelbranche

Dort kooperiert ein Markenhersteller mit einem Einzelhändler. Gemeinsam hat man eine Strategie zur Kundenansprache entwickelt, mit für beide Seiten erfreulichen Ergebnissen. Gemeinsam Kundendaten zu generieren und zu nutzen ist ein typischer Startpunkt, um gemeinsame Interessen zu verfolgen. Der Markenartikler besitzt typischerweise eine große Fülle an Daten über den Kunden als Verwender der Ware. Und der Handel hat umfangreiche Kenntnisse über den Kunden als Käufer der Ware. Dieses Wissen lässt sich höchst wirkungsvoll kombinieren, um neue Marketinginstrumente zu entwickeln.

Der Ausgangspunkt der Kooperation war eine genaue Analyse der Kundenstruktur und der Entwicklung des Ausgabeverhaltens der Käufer.

Sodann ging es darum, eine Strategie zu entwickeln, wie der Einzelhändler mit Hilfe des Markenartiklers sich gegenüber den Wettbewerbern klar positionieren konnte.

Nachdem die Zielgruppe definiert war, wurden die Details der Kommunikationsstrategie sorgsam ausgewählt. Dabei half die Kompetenz des Markenartiklers. Er stellte sein großes Portfolio starker Familienmarken sowie sein Marketing-Know-how für spezielle Aktionen und Kampagnen zur Verfügung.

Den preisgünstigen No-Name-Produkten der Discounter setzte unser Einzelhändler bewährte Marken entgegen, die er in Groß- bzw. Vorratspackungen zu attraktiven Preisen anbot.

Durch die verstärkte Vermarktung dieser beliebten und im Preisbewusstsein der Kunden präsenten Markenartikel beurteilten die Verbraucher das Preis-Leistungs-Verhältnis des Handelsunternehmens positiver, wie eine Befragung von 5.000 Kunden zeigte.

Handzettel informierten über die verschiedenen gemeinsamen Aktionen. Um die anvisierte Zielgruppe zu erreichen, ermittelte der Markenhersteller mit Hilfe seiner internen Datenbank die im Umkreis der Märkte lebende Familien mit Kindern und lud diese per Post ein.

Dies war natürlich nur ein kleiner Ausschnitt aus dem integrierten gemeinsam entwickelten Strategiekonzept. Insgesamt haben sich im Verlauf der Kooperation alle entscheidenden Kennzahlen verbessert. So konnte durch die Kooperation der Kunde des Herstellers gestärkt, die Profitabilität des Markenartiklers erhöht und der Endkunde langfristig gebunden werden.

Netzwerke

Prüfen Sie doch einmal, wer Kontakt mit Ihren Kunden hat. Wer hat Kontakt zu Menschen, die Ihr Produkt als Endgebraucher benutzen? Wie können Sie dort Ihr Produkt stärken und so helfen, Ihren Kunden mehr zu verkaufen? Oder wie können Sie diese Kontaktpersonen als loyale Kunden, als Telling Customer gewinnen?

Wie bauen Sie Kundennetzwerke auf?

> ***Eine wirksame und einfache Form des Aufbaus von Netzwerken ist die Durchführung von Kundenseminaren oder Kundenevents.***

Das können Abendveranstaltungen oder Tagesseminare sein. Eingeladen werden Kunden und/oder Interessenten, die über die Dinge informiert werden, die für sie persönlich wichtig sind. Typisch für den Netzwerk-Gedanken ist folgender Nebeneffekt: Nichts ist glaubwürdiger, als wenn ein Kunde einem Interessenten über seine Erfahrungen mit Ihrem Unternehmen berichtet.

Auch glaubhaft und ehrlich gelebte Kundenclubs sind eine der interessantesten Möglichkeiten Netzwerke aufzubauen. Allerdings muss hier, wie in jeder Beziehung, etwas passieren, sonst kommt Langeweile auf und der Club wird uninteressant.

Den Kontakt zu Kunden können Sie auch über einen interessanten Informationsdienst organisieren. Ein Newsletter über zwei bis vier Seiten bietet sich an. Denken Sie aber bitte daran, dieser Newsletter soll Nutzwertinformationen für Ihre Kunden bieten. Nicht Werbung steht im Vordergrund, sondern der Vorteil Ihres Kunden. Auch Couponing oder Kundenkarten sind eine Möglichkeit Kundennetzwerke aufzubauen.

Und es gibt noch ein hervorragendes Kundenbindungs-, ja Kundenbegeisterungsinstrument: Reklamationen. Ja, Sie haben richtig gelesen. Gut bearbeitete Reklamationen sind eine hervorragende Quelle für zufriedene Kunden. Die Canard Graduate School of Management hat in einer Studie einmal die Wahrscheinlichkeit des erneuten Kaufs untersucht.

- Bei einem fehlerfreien Produkt liegt die Wiederkaufwahrscheinlichkeit bei 78 %.
- Bei einem fehlerhaften Produkt und schlechtem Kundenservice liegt die Wiederkaufwahrscheinlichkeit bei 32 %.

Nicht erstaunlich. Aber jetzt kommt's:

- Bei einem fehlerhaften Produkt und einem guten Kundenservice liegt die Wahrscheinlichkeit des erneuten Kaufs bei 89 %.

Das sind mehr als zehn Prozentpunkte mehr als bei einem fehlerfreien Produkt.

Aufgaben zur Selbstkontrolle

Frage
1. Bringen Sie folgende Schritte des Vertriebsprozesses in die zeitlich richtige Reihenfolge: Angebot erstellen, Ansprache des Kunden, Bedarf klären, erster Gesprächstermin, Interesse wecken, Lösung präsentieren, verhandeln, Zielkunden identifizieren.
2. Welche beiden Vertriebsprozesse lassen sich grundlegend hinsichtlich der Ziele bei den Kunden unterscheiden?
3. Welche Stufen umfasst der Teilprozess Kundengewinnung?
4. Welches Beziehungsstadium kann/soll mit Kunden über den Status „zufriedener Kunde" hinaus angestrebt werden?
5. Unter qualifizierten Leads versteht man a) gut ausgebildete Vertriebsführungskräfte, b) Kernziele, c) Adressen von Kunden die aufgrund von Vorinformationen als lohnend zur Bearbeitung gelten, d) Vorbilder und Ideengeber
6. Mit welchem Vertriebsinstrument lässt sich analysieren ob und wie am chancenreichsten gegen Mitwettbewerber verkauft werden kann?
7. Wann geht ein potenzieller Kunde vom Status des Interessenten in den des Konzeptkunden über?
8. a) Wie lässt sich eine Portfolioanalyse mit zwei Dimensionen darstellen? b) Welche beiden Kennziffern wertet man dabei grundlegend zur Kundenbeurteilung aus? c) Welche Kundentypen lassen sich dabei unterscheiden?
9. Welche Aussagen zur Kundenwertanalyse treffen zu? a) Kundenwertanalysen unterstützten die Entscheidung darüber, mit welchem vertrieblichen Aufwand ein Kunde betreut werden soll. b) Kundenwertanalysen verrechnen stets Umsätze. c) Eine ABC-Analyse ist eine Form der Kundenwertanalyse. d) Scoring-Modelle gewichten und addieren Bewertungen verschiedener Kriterien. e) Kundenlebenszyklen-Analysen sind keine Kundenwertanalyse.
10. a) Nennen Sie das Kerninstrument zur Kundenpflege. b) Mit welchen beiden Instrumenten können im B2B zufriedene Kunden noch besser gebunden werden?

4 Aufgaben der Vertriebsleitung

Reden wir doch noch einmal Klartext, liebe Leserin, lieber Leser. Eine verantwortliche Position im Verkauf bekommt man nicht, weil man von vornherein alles weiß und jede Entscheidung treffen kann. Vielmehr gilt: Als Verantwortlicher, insbesondere als Verkaufsleiter/in, als Vertriebsleiter/in, wird man ernannt, um die verfügbaren Vertriebsinformationen zusammenzustellen und die Voraussetzungen für eine erfolgreiche Kunden- und Interessentenbearbeitung zu schaffen.

Als Führungskraft entwickelt man Systeme, die gewährleisten, dass die Umsatz- und Profitverantwortung an die Vertriebsmitarbeiter im Team delegiert werden kann.

Dabei sind die Verantwortlichen in der Regel gewissen strategischen Zielen verpflichtet:

- rentable Ausschöpfung der unterschiedlichen Kundenpotenziale,
- Erschließung zusätzlicher Kundenpotenziale,
- Erschließung neuer Zielgruppen,
- Kundenbindung durch ein Höchstmaß an Kundenzufriedenheit.

Insgesamt also nachhaltiges rentables Wachstum.

Bisher haben wir uns in diesem Buch darum gekümmert, wie Sie eine kundenorientierte Vertriebsstrategie entwickeln, wie Sie Ihre Vertriebsorganisation aufbauen, wie Sie den Vertriebsprozess gestalten und wie die optimale Organisation eines Kundenkontaktes ausschaut.

Nun wollen wir uns um das operative Handeln des Vertriebsleiters kümmern. Welche Ziele setzt er/sie, setzen Sie als Vertriebsleiter Ihrer Vertriebsmannschaft? Welche Rahmenbedingungen geben Sie vor, damit Ihre Vertriebsmannschaft diese Ziele auch erreichen kann? Und wie controllen, oder noch besser steuern Sie dann, während Ihre Mitarbeiter unterwegs sind, auf dem Weg zum Ziel?

Noch eine weitere – ganz andere – Komponente wird von Ihnen als Vertriebsleiter gefordert. Denn als ziel- und strategieverpflichtete/r Vertriebsleiter/in sind Sie natürlich auf qualifizierte und engagierte Mitarbeiter/innen angewiesen. Sie müssen also die richtigen Mitarbeiter auswählen und jeden einzelnen so unterstützen, dass dieser Ihre Strategie umsetzen und Ihre Ziele erreichen kann. Damit ist der Komplex der Mitarbeiterführung angesprochen, mit Qualifizierung und Coaching.

Und als ob das alles nicht schon genug wäre, sollten Sie sich ab und an auch noch Zeit gönnen, um mit etwas Abstand Ihre Vertriebsstrategie und Ihre Vertriebsorganisation zu überprüfen, um sie dann fit zu machen für den Wettbewerb von morgen. Veränderungsmanagement macht auch und gerade vor dem Vertrieb nicht halt.

4.1 Ziele setzen

Wir wissen nicht, wie es Ihnen geht, aber wir beobachten in letzter Zeit eine „bedrohliche" Entwicklung. Die Verkaufsleitung gerät immer intensiver in die Situation des „Erfüllungsgehilfen": Die Geschäftsführung verkündet eine filigrane Struktur von Gesamt- und Teilzielen bezüglich Produkt und regional differenzierter Umsätze, der zu erzielenden Deckungsbeiträge, der Kosten usw.

Bei diesen Zieldurchreichungen wird häufig leider keine Rücksicht auf Chancen und Risiken vertriebsseitiger Art genommen. Das wiederum hat oft zur Folge, dass die Verkaufsleitung ihrem Außendienst diese Ziele ebenfalls nur verkünden kann. Die Folge: Die Vertriebsmannschaft ist verunsichert. Wie kann ihr Verkaufsleiter nur solche Unmöglichkeiten als Zielsetzungen weiterreichen, obwohl er doch wissen müsste, dass der Kunde immer noch eine eigenständige Meinung hat, und dass der Wettbewerb nun mal nicht weniger, sondern härter geworden ist?

> ***Fazit: Als Verkaufsleiter werden Sie quasi gezwungen, mit Ihrer Glaubwürdigkeit gegenüber Ihrer Vertriebsmannschaft zu spielen.***

Welche Auswege gibt es?

Ergreifen Sie die Initiative und vereinbaren Sie mit Ihrer Geschäftsleitung, künftig gemeinsam eine mittelfristige Vertriebsplanung zu erarbeiten, die seitens der Geschäftsführung in der Unternehmensplanung dann auch berücksichtigt wird. Sie können damit gegenüber Ihrer Geschäftsführung das Grundprinzip jeglicher Unternehmensplanung durchsetzen: vom Markt her für den Markt planen. Um für diese Vertriebsplanung gewappnet zu sein, lassen Sie uns überlegen, welche Ziele Sie Ihrer Vertriebsorganisation stecken könnten.

Wir unterscheiden zum einen die quantitativen Ziele wie Umsatz, Marktanteil, Lieferanteil bei den einzelnen Kunden, Kundenzahl, neu gewonnene Kundenzahl, durchschnittlicher Umsatz pro Vertriebsmitarbeiter, Anzahl der Besuche etc. Und zum anderen qualitative Ziele wie gesteigerte Kundenzufriedenheit, Qualifikation der Vertriebsmitarbeiter, Image des Unternehmens im Markt, Image der Vertriebsorganisation beim Kunden etc.

Idealerweise wird solch ein Prozess der strategischen Zielfindung eingeleitet durch eine Analyse der Chancen und Risiken sowie der Stärken und Schwächen der Vertriebsorganisation. In der sog. SWOT-Analyse (Strengths, Weaknesses, Opportunities, Threats = Stärken, Schwächen, Chancen, Risiken) erfolgt eine Verbindung der unternehmensexternen Chancen und Risiken mit den unternehmensinternen Stärken und Schwächen.

Durch eine SWOT-Analyse wird es möglich, die wesentlichen Zielbereiche und Entwicklungsprojekte zu identifizieren, die in der Zukunft durch den Vertrieb bearbeitet werden sollten.

Zweck ist, die Zusammenarbeit mit dem Kunden voranzubringen, die Vertriebsarbeit erfolgreich zu gestalten und die notwendigen ökonomischen Ergebnisse zu erzielen.

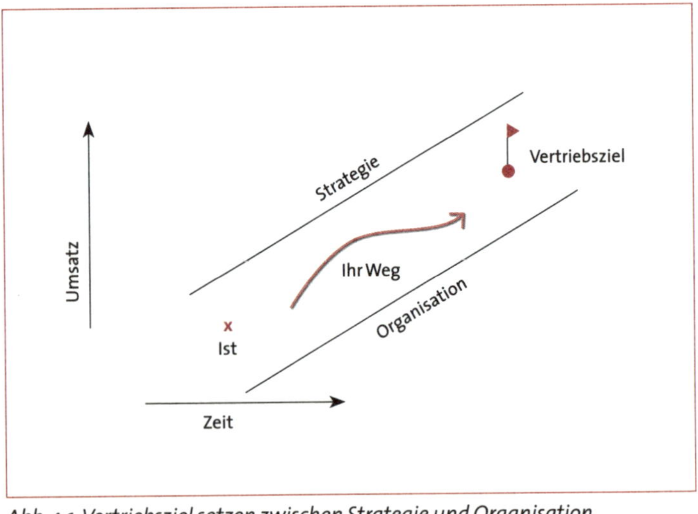

Abb. 4.1: Vertriebsziel setzen zwischen Strategie und Organisation

	SWOT-Analyse	unternehmensexterne	
		Chancen	Risiken
unternehmensinterne	Stärken	Unsere Abschlussstärke ist ein Erfolgsfaktor für unsere Vertriebsereignisse. Über 60% aller Angebote gewinnen wir.	Wenn wir diese Abschlussquote nicht halten können, müssen wir deutlich mehr Aufwand in die Chancenerkennung investieren, am besten präventiv.
	Schwächen	Wir erhalten vermehrt Anfragen aus Osteuropa. Allerdings können nur wenige unserer Mitarbeiter ein Projekt in englischer Sprache in gewohnter Qualität durchführen.	Immer mehr unserer Kunden agieren international. Wenn wir sie nicht auch im Ausland begleiten können, könnten wir auch Aufträge in Deutschland verlieren.

Abb. 4.2: Prinzip der SWOT-Analyse

Nach der Identifikation der einzelnen Entwicklungsbereiche müssen daraus konkrete Ziele entwickelt werden. Wir unterscheiden zwischen

- ergebnisbezogenen Vertriebszielen,
- kundenbezogenen Zielen und
- mitarbeiterbezogenen Zielen.

4.1.1 Ergebnisbezogene Ziele

Zu den ergebnisbezogenen Vertriebszielen gehören z.B. Umsatzziele, Rabattgröße, Quote der Retourenposten, Kosten der werblichen Unterstützung, Kosten der Vertriebsorganisation, verschiedene Deckungsbeiträge unterteilt z.B. nach Kunden, Kundengruppen, Außendienstbezirken usw. Mit den Ergebnissen Ihrer SWOT-Analyse als Basis können Sie aus den o. g. Zielen die für Ihre Vertriebsorganisation relevanten Ziele definieren.

Nachdem diese ergebnisbezogenen Vertriebsziele festgelegt sind, müssen allerdings noch verschiedene weitere Schritte durchgeführt werden, damit daraus ein „richtiges" (operatives) Vertriebsziel wird.

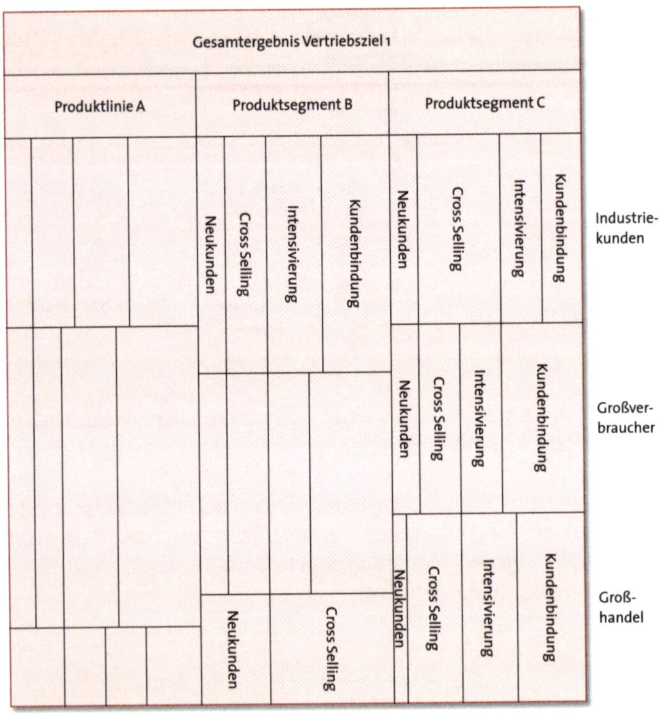

Abb. 4.3: Ergebnisbezogene Ziele differenzieren (beispielhaft)

Deshalb wird in der Regel zuerst das übergreifende Ziel auf einzelne Produkte und dann auf Marktsegmente oder Kundengruppen heruntergebrochen. Doch auch das reicht für eine effektive Vertriebsarbeit noch nicht aus, denn der Vertrieb kann daraus noch immer nicht konkret genug ableiten, was er im Einzelnen tun soll. Die Zeiten, in denen Vertriebsmitarbeiter „einfach verkaufen gehen konnten", sind unwiederbringlich vorbei. Zum Beispiel müssen erst die auf einzelne Marktsegmente heruntergebrochenen Ziele noch auf die verschiedenen Verkaufsprozesse verteilt werden:

- Welcher Anteil soll durch Kundenbindung bei bestehenden Kunden realisiert werden?
- Welche neuen Umsätze können durch eine intensivere Vertriebsarbeit bei bestehenden Kunden gewonnen werden?
- Welche zusätzlichen Umsätze lassen sich durch zusätzliche Produkte (Cross Selling) bei bestehenden Kunden realisieren?
- Und die letzte Möglichkeit: Welcher Umsatzanteil muss über neue Kunden gewonnen werden?

Gibt es dazu keine exakten Vorgaben, so wird der Vertriebsmitarbeiter selbst über seinen Weg zum Ziel entscheiden.

Wenn Sie ausschließlich „Unternehmer im Gebiet" beschäftigen, dann können Sie sich diesen letzten Schritt natürlich sparen. Bis das so weit ist, zeigt die Erfahrung allerdings, dass die meisten Verkaufsmannschaften ohne konkrete Verkaufsprozessziele eher reagieren als agieren. Häufig arbeiten sie so, wie sie es in der Vergangenheit getan haben, egal ob das vor veränderten Marktbedingungen sinnvoll ist oder nicht. Und Ihrem Unternehmen kann es unter strategischen und längerfristigen Gesichtspunkten schließlich nicht gleichgültig sein, zu welchem Anteil Umsätze mit neuen oder mit bestehenden Kunden realisiert werden.

> ***Erst wenn die ergebnisbezogenen Vertriebsziele auf die einzelnen Verkaufsprozesse heruntergebrochen sind, sind die Vertriebsziele vollständig.***

Vorgehensweise: Vertriebsziele differenzieren

Welche Schritte müssen also erfolgen, um differenzierte Vertriebsziele zu definieren? Manchmal ergeben sie sich zwangsläufig für bestimmte Produktgruppen oder direkt aus der Angabe der Marktsegmentziele.

In neuen Marktsegmenten müssen Sie in der Regel 100 % auf den Verkaufsprozess Neukundengewinnung buchen. Bei neuen Produkten hingegen können Sie die Vertriebsziele schon auf die Verkaufsprozesse Cross Selling und Neukundengewinnung verteilen. Bei bestehenden Marktsegmenten stellt sich zuerst die Frage: Wie wird sich der Umsatz bei unseren bestehenden Kunden entwickeln? Wo müssen wir mit zurückgehenden Ergebnissen rechnen? Wie viel Ergebnis können wir halten (Kundenbindung)? Wo können wir ausbauen (Intensivierung)? Wo können wir zusätzlich verkaufen (Cross Selling) und wie groß ist jetzt noch die Lücke zum Gesamtziel, die wir durch Neukundengewinnung schließen müssen?

4.1.2 Kundenbezogene Ziele

Zu den kundenbezogenen Vertriebszielen gehören z.B. Kundenzufriedenheit, Kundenbindung, Kooperationsbereitschaft der Kunden, Anteil der Telling Customer, Lieferanteile bei Ihren Kunden, sprich: Ihre Bedeutung als sein Lieferant. Natürlich gehören auch betriebswirtschaftliche Größen wie Umsatz je Kunde, Deckungsbeitrag je Kunde etc. dazu.

Handelt es sich bei Ihren Kunden um Handelsorganisationen, so kommen weitere Zielbereiche hinzu: Regalplätze, Lagerbestände, Sicherstellung des Verkaufspreisniveaus, Flächenproduktivität etc.

Für die kundenbezogenen Vertriebsziele sollten Sie zuerst einmal eine Ist-Analyse durchführen, um zu erkennen, wo sie aktuell stehen (siehe auch Kapitel 1 über Vertriebsstrategie). Dann können Sie über Benchmark-Kunden zu einer Zielgröße kommen, um anschließend in der nächsten Vertriebsperiode alle Anstrengungen darauf zu lenken, bei Ihrem Kunden diese Vertriebsziele auch zu erreichen.

Welche dieser kundenbezogenen Vertriebsziele aktuell für Ihre Organisation die höchste Priorität haben, können Sie ebenfalls aus der oben erwähnten SWOT-Analyse herausarbeiten.

4.1.3 Mitarbeiterbezogene Ziele

Zu den mitarbeiterbezogenen Vertriebszielen gehören z.B. die Qualifikation der Vertriebsmitarbeiter, das Image der Vertriebsmitarbeiter bei den Kunden, die Leistungsbereitschaft und die Motivation der Vertriebsmitarbeiter sowie natürlich die auf die einzelnen Mitarbeiter heruntergebrochenen ergebnisbezogenen bzw. kundenbezogenen Vertriebsziele.

Vorgehensweise: Zielvereinbarungen mit den Mitarbeitern

Idealerweise sind Zielvereinbarungen ein Prozess, in dem Sie gemeinsam mit Ihren Mitarbeitern anzustrebende Ergebnisse für einen bestimmten Zeitraum in knapper, meistens schriftlicher Form vereinbaren, sagt zumindest das Führungshandbuch. Wie sieht jetzt aber die Praxis aus?

Natürlich praktizieren Sie als Vertriebsleiter Ihre Zielplanung gemeinsam mit Ihren Mitarbeitern. Dabei berücksichtigen Sie idealerweise zwei Planungsprinzipien. Zum einen die Planung von unten nach oben und zum anderen die Planung von oben nach unten. Ungünstig ist nur, dass zwischen den beiden Ergebnissen häufig eine Lücke bleibt. In dieser Situation sagen Sie dem jeweils zuständigen Gebietsverkaufsleiter dann noch so etwas wie: „Tut mir Leid, du musst noch 250 T Euro Zielumsatz zusätzlich übernehmen, aber wie ich dich kenne, wirst du das schon richtig auf deine Leute verteilen können."

Dadurch entstehen schlussendlich zwar „Zielvereinbarungen" – aber genau genommen könnte man wie früher auch „Sollzahlen" dazu sagen. Und das aber ist nicht unbedingt ein Maximum an Motivation für Ihre Mitarbeiter, oder? Um das zu vermeiden, gehen Sie richtig wie folgt vor:

Fünf Stufen eines Zielvereinbarungsgesprächs	
1. Stufe:	• *Zielvorschläge des Mitarbeiters erfragen.*
2. Stufe:	• *Eigene (bzw. die unternehmensseitigen) Zielvorschläge verdeutlichen.*
3. Stufe:	• *Zielkongruenz herstellen. Dies ist oft die schwierigste Stufe und erfordert oft mehrere Schleifen mit den zuständigen Vertriebsmitarbeitern/Vertriebsgruppenleitern. Erst dann kommt die*
4. Stufe:	• *Zielkonkretisierung durchführen.*
5. Stufe:	• *Zielumsetzung besprechen. Denn die Ergebnisziele sollten noch in Prozessziele und Verhaltensziele umgesetzt werden.*

4.1.4 Prioritäten

Gestatten Sie uns noch ein Wort zu der Anzahl der Ziele. Bei mehreren Produktgruppen, verschiedenen Dienstleistungspaketen, unterschiedlichen Kundensegmenten und vier verschiedenen Verkaufsprozessen können sich die differenzierten Vertriebsziele aufsummieren. Wir haben vor kurzer Zeit bei einem Vertriebsleiter an der Wand ein Flipchart gesehen, auf dem waren die 28 Vertriebsziele aufgelistet. Fast kein Mensch, auch kein Vertriebsmitarbeiter oder Vertriebsleiter, kann sich auf 28 Vertriebsziele konzentrieren. Deshalb haben wir Ihnen oben die SWOT- Analyse bereits vorgestellt:

> ***Konzentrieren Sie sich auf Ihren Engpass, den Sie mithilfe der SWOT-Analyse ermitteln.***

Beispiel aus der Natur

Das Liebig'sche Wachstumsgesetz

Der Biologe und Chemiker Justus Freiherr von Liebig hat Anfang des 19. Jahrhunderts herausgefunden, dass sich das Wachstum einer Pflanze nach dem Nährstoff richtet, von dem sie am wenigsten besitzt. Ein Gärtner braucht deshalb nur das zu düngen, was wirklich fehlt. Es ist das Grundprinzip des Wachstumsengpasses, das Sie auch auf die Wirtschaft im Allgemeinen und natürlich auch auf Ihre Vertriebsorganisation anwenden können. Der Engpass in Ihrer Vertriebsorganisation ist nämlich der Faktor, der zum Erreichen Ihrer übergeordneten Ziele am stärksten fehlt. Natürlich haben die meisten Vertriebsorganisationen von allem zu wenig. Aber die Knappheit der Ressourcen gehört ja bekanntlich zu jeder wirtschaftlichen Planung.

Entscheidend ist es für Sie daher festzustellen, wo der Engpass bzw. wo der Mangel am größten ist, der Ihre weitere Entwicklung blockiert. Daraus lässt sich eine Strategie ableiten, die Hemmnisse löst und Stärken ausbaut. Das würde, um ein Beispiel zu bilden, etwa bedeuten, dass Sie sich auf das Ziel „Mitarbeiter haben projekttaugliche Englisch-Kenntnisse“ konzentrieren sollten, bevor Sie damit beginnen, internationale Projekte zu akquirieren.

Konzentrieren Sie sich also auf die wichtigsten Baustellen, wenn Sie das nächste Mal mit Ihren Mitarbeitern die Vertriebsziele vereinbaren. Um hier den maximalen Erfolg zu erreichen, sollten Sie die Ziele von Außendienst, Innendienst und Gebietsverkaufsleitung untereinander vernetzen.

> *Sie wissen ja: Die richtigen Dinge tun, anstatt nur die Dinge richtig zu tun. Konzentrieren Sie sich also auf die höchsten Prioritäten und schaffen Sie so mit den begrenzten Ressourcen den maximal möglichen Erfolg.*

4.2 Rahmenbedingungen schaffen

So, Ihre Vertriebsmitarbeiter bzw. Ihre Vertriebsgruppenleiter wissen ihre Ziele und haben diese dann hoffentlich auf ihre Vertriebsmitarbeiter heruntergebrochen. Ihre nächste Aufgabe als Vertriebsleiter ist es nun, sich bequem in den Sessel zu setzen, die Füße hochzulegen und mit den entsprechenden Methoden des Vertriebscontrollings die Vertriebsergebnisse Ihrer Mannschaft zu kontrollieren und, falls irgendwo eine Ampel auf Gelb schaltet, nachzusteuern, richtig? Halt, genau, da fehlt noch etwas. Eine Ihrer Aufgaben als Vertriebsleiter ist es auch, die geeigneten Rahmenbedingungen zu schaffen, damit Ihre Vertriebsmannschaft die gesetzten Ziele wirklich erreichen kann. Damit Ihre Vertriebsmitarbeiter quasi die Leitplanken haben, innerhalb derer sie die Wege beschreiten können, die zum Ziel führen (siehe dazu auch nochmals Abb. 4.1).

4.2.1 Vergütung

Über Sinn und Unsinn von Vergütungssystemen mit variablen Anteilen ist schon eine ganze Menge geschrieben worden. Wir möchten diesen Regalmetern an Literatur nicht noch weitere hinzufügen, sondern Ihnen, getreu dem Motto dieses Buches, eine Übersicht über die in der Praxis bewährten Vergütungssysteme geben. Damit Sie dann das für Sie passende heraussuchen und aus den verschiedenen Systemen maßgeschneidert konzipieren können.

Vergütungssysteme

Das ideale Vergütungssystem gibt es nicht. Deshalb müssen Sie entsprechend Ihren individuellen Anforderungen Ihr eigenes Idealsystem entwickeln. Damit Ihnen das gelingt, haben wir anschließend die Vor- und Nachteile der verschiedenen Entlohnungsinstrumente zusammengetragen.

Der Klassiker: Festgehalt

Das Festgehalt wird in der Regel in 12,0 bis 13,5 Monatsraten gezahlt. Für die Bereitstellung seiner Arbeitsleistung bekommt der Mitarbeiter eine feste Gegenleistung.

Vorteile	*Nachteile*
• *Das Fixum stellt für den Vertriebsmitarbeiter eine gewisse Sicherheit dar, um frei von Existenzsorgen verkaufen zu können.* • *Ein Festgehalt kann auch zur Abdeckung von nicht unmittelbar verkaufsrelevanten Tätigkeiten wie z.B. Garantiefallabwicklung, Reklamationsbearbeitung oder Regalpflege eingesetzt werden.*	• *Eine Steuerung der Vertriebsmitarbeiter ist kaum möglich. Vereinbarte Ziele, egal welcher Art, verlieren bei ausschließlicher Festvergütung deutlich an Verbindlichkeit. Im schlimmsten Fall realisiert der Mitarbeiter nur Umsätze, die sozusagen nicht zu vermeiden gewesen waren.* • *Das gesamte Absatzrisiko liegt beim Unternehmen, denn es können keine variablen Kosten als variable Gehaltsbestandteile an den Außendienst weitergegeben werden.*

Der Antreiber: Provisionen

Eine Provision ist ein Leistungsentgelt, das grundsätzlich in Relation zur jeweiligen Bezugsgröße definiert ist. In der Regel als Prozentwert beispielsweise von Umsatz oder Deckungsbeitrag.

> ***Provisionen können also nur dann eingesetzt werden, wenn die Bezugsgröße einen absoluten Geldbetrag angibt.***

Das Produkt aus Zielerreichung und dem gewählten Provisionssatz legt somit die Höhe des variablen Gehaltsanteils fest. Um eine effiziente Steuerung Ihres Außendienstes zu erreichen, können Sie den Provisionssatz z.B. nach unterschiedlichen Produkten oder Produktgruppen differenzieren. Dazu gibt es verschiedene Gestaltungsformen:

- Linear, d. h. ein konstanter Provisionssatz auf den Betrag der Bemessungsgröße. Jedes Mehr an akquiriertem Umsatz führt hier zu einer im Verhältnis gleichen Einkommenssteigerung beim Verkäufer. Die lineare Gestaltungsform ist besonders geeignet für den normalen Geschäftsverlauf.

- Progressiv, d. h., der Provisionssatz erhöht sich mit steigenden Beträgen der Bemessungsgröße. Bei dieser Gestaltungsform wird eine zusätzliche Vertriebsleistung für den Vertriebsmitarbeiter spürbar besser entlohnt. Der Mitarbeiter hat also einen besonders hohen Leistungsanreiz. Progressive Provisionsumsätze sind vor allem dann geeignet, wenn Sie einem bestimmten Bereich oder einem bestimmten Produkt kurzfristig einen Anschub geben möchten.

- Degressiv, d. h., der Provisionssatz sinkt mit steigender Höhe der Bemessungsgröße. Auf den ersten Blick erscheint diese Gestaltungsform unsinnig, da zusätzliche Ergebnisse geringer belohnt werden. Bei guter Kapazitätsauslastung kann dies dennoch sinnvoll sein, um ab einem bestimmten Punkt ein stabiles Umsatzniveau zu erreichen. Sie wollen schließlich nicht mehr verkaufen, als Sie produzieren können, oder?

- Gedeckelt, d. h., es gibt eine maximale Höhe der ausbezahlten Provision je Berechnungsperiode. Auch diese Gestaltungsform erscheint auf den ersten Blick unzweckmäßig, da zusätzliche Leistung hier überhaupt nicht mehr belohnt wird. Zwei Gründe gibt es jedoch in der Praxis, die dafür sprechen, einen Deckel einzuführen. Zum einen werden so Einmaleffekte bzw. Sondereffekte, die einem Mitarbeiter „zufällig“ in den Schoß fallen, gedeckelt und zum anderen fördert es unter Umständen die realistische Zielplanung, wenn Provisionen z.B. ab 140 % Zielerreichung gedeckelt sind.

Vorteile	*Nachteile*
• *Wird der Vertriebsmitarbeiter variabel vergütet, trägt er einen Teil des Absatzrisikos mit. Beim Provisionsmodell ist er an jedem Euro mehr Umsatz bzw. mehr Deckungsbeitrag unmittelbar einkommensmäßig beteiligt.* • *Da eine Provision in der Praxis entweder monatlich oder wenigstens vierteljährlich ausgezahlt wird, hat sie im Gegensatz zu den anderen variablen Vergütungssystemen, die in der Regel nur einmal im Jahr zur Auszahlung kommen, einen direkten und unmittelbaren Bezug zur erbrachten Leistung.*	• *Als Steuerungssystem ist ein Provisionsmodell nur eingeschränkt geeignet, da die Wirkung der vorgestellten Gestaltungsformen auf den einzelnen Mitarbeiter nur schwer zu prognostizieren ist.* • *Da in der Regel bereits ab dem ersten Euro Umsatz Provision bezahlt wird, ist der Anreiz zur Neukundenakquisition gering. Ein großer Teil der voraussichtlichen Vergütung fällt so nämlich auf „nicht verhinderbare Umsätze".* • *Bei unterschiedlichen Provisionssätzen für unterschiedliche Produkte oder Produktgruppen besteht die Gefahr, dass die Vertriebsmitarbeiter sich an ihrem kurzfristigen Erfolg orientieren und versuchen, hoch provisionierte Produkte zu verkaufen anstatt sich am wirklichen Bedarf der Kunden zu orientieren.*

Die Belohnung: Prämien

Neben der Provision, die als Anreiz und Motivationsinstrument überwiegend eine Breitenwirkung hat, gibt es in der Praxis in vielen Vertriebsvergütungssystemen auch Prämien zur gezielten Honorierung spezifischer Ziele wie beispielsweise den Abbau der durchschnittlichen Rabatte. Eine Prämie wird in der Regel als absoluter Eurobetrag oder Sachprämie festgelegt, die bei fest vorgegebenen Zielerreichungsstufen abgestuft fällig wird. Die Prämien können relativ kurzfristig an veränderte Unternehmensvertriebsziele angepasst werden.

Vorteile	Nachteil
• Der Einsatzbereich ist weiter gefasst als z.B. bei Provisionen, da auch das Erreichen qualitativer Ziele mit Prämien belohnt werden kann. In der Praxis sind allerdings Umsatzzuwächse, die erfolgreiche Einführung neuer Produkte oder Umsätze in vorher festgelegten Schwerpunktgebieten neben dem Gesamtumsatz und Ertragsgrößen (wie Deckungsbeiträge) die wichtigsten Bemessungsgrundlagen. • Die Prämienzahlung kann durch einen äußerst progressiven Kurvenverlauf auf die Leistungsspitze konzentriert werden.	• Da Prämien meist nur einmal im Jahr ausgeschüttet werden, spürt der Verkäufer den Anreiz einer Prämie weniger unmittelbar als bei Provisionen. Das verringert unter Umständen seinen Leistungsanreiz.

Die Kurzfristspritze: Incentives und Wettbewerbe

Verkaufswettbewerbe sind hoch beliebt als Motivationsinstrument und Vergütungsbestandteil, auch wenn sie in jüngster Zeit ein wenig in Verruf geraten sind. Sie dienen meist der Feinsteuerung (wechselnde Schwerpunktziele). Aktionsziele können z.B. bei der Einführung neuer Produkte / der Erschließung neuer Kundengruppen festgelegt werden.

Bei der Ausgestaltung besteht eine große Vielfalt. Umso wichtiger für den Erfolg ist deshalb das sorgfältige Konzeptionieren.

Noch eine Erfahrung haben wir in der Praxis gemacht:
Die ersten drei Plätze von Wettbewerb zu Wettbewerb werden immer wieder von den gleichen Vertriebsmitarbeitern belegt. Die meisten der anderen Mitarbeiter strengen sich gar nicht erst an, weil sie keine Chance auf einen der Gewinnerplätze für sich selbst sehen.

- Ca. 60 % aller Mitarbeiter sollten in sich abgestufte Gewinne erreichen können. Sie wollen doch nicht immer nur die gleichen Spitzenkräfte motivieren.

- Lassen Sie jeden Ihrer Mitarbeiter zu Beginn eines solchen Wettbewerbs den von ihm gewünschten Sachpreis selbst wählen. Nicht jeder Mitarbeiter fliegt gerne in die Karibik. Es gibt auch Familienväter/-mütter, die das Elsass bevorzugen.
- Vergeben Sie nicht nur Preise an diejenigen, die in der Wettbewerbsrangliste ganz oben stehen, sondern auch an diejenigen, die die höchsten Rangfolge-Verbesserungen erarbeitet haben. Dadurch erreichen Sie vor allem auch diejenigen Mitarbeiter, die Sie in ihren Erfolgen verbessern wollen.

Vorteile	Nachteile
• *Schnelle Reaktionsmöglichkeit. Ein Verkaufswettbewerb ist innerhalb weniger Tage aus der Taufe gehoben und an die Mitarbeiter kommuniziert.* • *Richtig aufgesetzt (siehe Praxistipp), erreichen Sie nicht nur die Top-Performer, sondern Sie können auch viele andere Mitarbeiter zusätzlich motivieren.*	• *Incentivepreise nutzen sich ab. Die Gefahr ist deshalb groß, dass Sie jedes Jahr noch schneller, noch höher, noch weiter hinaus müssen, um für die nötige Motivation zu sorgen.* • *Schlecht aufgesetzt, gewinnen immer die gleichen Mitarbeiter.* • *Ein weiterer unerwünschter Nebeneffekt in einer ausgeprägten Incentivekultur ist das Horten von Aufträgen. Mitarbeiter wissen aus Erfahrung, wann ein Verkaufswettbewerb initiiert wird. Clevere Verkäufer horten kurz vorher die Aufträge für Produkt X, damit die später abgeschlossenen Umsätze in die Wettbewerbsmasse mit einfließen.* • *Auch hier besteht natürlich wie bei allen Prämien und Provisionssystemen die Gefahr, dass die Vertriebsmitarbeiter sich mehr von der Prämie oder dem Wettbewerb leiten lassen als vom wirklichen Kundenbedarf.*

Das ideale Vergütungssystem für Ihr Unternehmen

Fast alle Unternehmen, die wir kennen, arbeiten heute mit einer Kombination verschiedener Vergütungsinstrumente.

Bemessungsgrößen

Da Sie mit den oben vorgestellten Provisions- und Prämienmodellen ja nicht nur den Mitarbeitern die Möglichkeit geben wollen, ihr Einkommen durch ihre eigene Leistung selbst zu beeinflussen, sondern Sie diese variablen Vergütungsmodelle auch zur Steuerung Ihres Vertriebs verwenden wollen, basiert der variable Anteil typischerweise auf den nachfolgend beschriebenen Bemessungsgrößen. Die Kombination und Gewichtung der unterschiedlichen Komponenten ergibt quasi unendlich viele Möglichkeiten für Ihre Vertriebsorganisation, Ihre Vertriebsziele, die Sie nach Ihrer SWOT-Analyse als zielführend ausgewählt haben, zu beeinflussen.

Anteil bestimmter Produkte

Diese Bemessungsgröße bietet sich als temporäres Instrument an, zur Einführung neuer Produkte oder auch für spezielle Promotionkampagnen.

Aber auch wenn Sie wissen, dass der Kauf bestimmter Produkte den Kauf anderer Produkte oder Dienstleistungen nach sich zieht, können Sie Ihrem Vertrieb den Verkauf solcher Produkte höher provisionieren und die Provision auf die Nachfolgeprodukte entsprechend senken. Im Handel z.B., wo man Warenkörbe analysiert hat und per Datamining Assoziationsregeln ableiten kann, ist dies häufig der Fall.

Vertriebskanäle

Führen Sie beispielsweise einen neuen Vertriebskanal ein, so können Sie die Kanaleinführung analog der Einführung neuer Produkte temporär durch eine spezielle Provisions- oder Prämienregelung unterstützen, indem Sie z.B. Umsätze über diesen Kanal stärker gewichten.

Kundenneugewinnung

Sie können Ihren Außendienst für Neukundengewinnung deutlich höher provisionieren als für Folgegeschäfte mit existierenden Kunden, um so das Neukundengeschäft anzutreiben. Sie sollten Ihren Außendienstmitarbeiter aber nicht komplett vom Folgegeschäft abkoppeln. Sie können noch einen Schritt weiter gehen und Ihr Provisionsmodell auf die Neukunden konzentrieren, die zu Ihrer Kernzielgruppe gehören und von denen Sie einen zukünftig hohen Kundenwert erwarten. Auch für die Rückgewinnung von Kunden könnten Sie spezielle Prämien bezahlen.

Kundenklassen

Basierend auf Ihrer Kundenwertanalyse lässt sich auch ein Provisionsmodell einführen, das auf einer entsprechenden Kundenklassifizierung beruht. Entweder indem Sie für den Vertrieb mittels Provision Anreize schaffen, Kunden aus einer bestimmten Klasse in eine höherwertige Klasse anzuheben. Oder auch in Kombination mit der Neukundengewinnung bestimmte Kundenwerte besonders mit Prämien oder Provisionen zu versehen.

Kundenbestandssicherung

Kundenbestandssicherung kann dann als Bemessungsgröße funktionieren, wenn Sie dieses eigentlich taktische Jahresziel in einzeln zu ergreifende Maßnahmen aufsplitten. Oder aber Sie gewähren für die Erreichung der Kundenbestandsziele einen Jahresbonus.

Kundenzufriedenheit

Sie ist als Bemessungsgröße für Provisionsmodelle durchaus kritisch zu sehen, und zwar weil der Vertriebsmitarbeiter nicht allein Einfluss auf diese Größe hat. Besser ist es, wenn Sie klare Maßnahmen vereinbaren, mit denen die Kundenzufriedenheit gesteigert werden soll, und Sie diese Maßnahmen als Grundlage für Ihr Vergütungsmodell wählen. Eine andere Variante ist die Steigerung der Kundenzufriedenheit als taktisches Jahresziel mit einem Jahresendbonus zu koppeln.

Persönliche Zielvereinbarungen

Hier haben Sie natürlich eine breite Auswahl an Möglichkeiten, Ihre Unternehmensvertriebsziele operativ und taktisch umzusetzen. Wichtig ist nur, dass die Ziele objektiv messbar sind und dass Ihr Vertriebsmitarbeiter die Zielerreichung selbst beeinflussen kann.

Als Metriken kommen z.B. die Dauer des Vertriebszyklus infrage, der Ressourcenverbrauch zum Erreichen jeder der festgelegten Stufen im Vertriebsprozess, die Übergangsrate von Stufe zu Stufe, aber natürlich auch der Kundendeckungsbeitrag, die Gesamtprozesskosten etc. Solche Metriken sind durchaus typisch für ein Vertriebsmanagement, das Vertriebskosten und Effizienz zum Ziel hat. In der Praxis stoßen Sie hier mitunter schnell an die Grenzen der Umsetzbarkeit, da Ihr Controlling die nötigen Zahlen dafür bereitstellen muss.

Teamergebnisse

Hier gilt prinzipiell das Gleiche wie bei persönlichen Zielvereinbarungen. Wobei aber noch unbedingt zu beachten ist, dass der einzelne Mitarbeiter die Teamergebnisse durch eigene Maßnahmen auch tatsächlich beeinflussen kann. Es hat sich bewährt, den Manager des Teams bei der Gewichtung des Teamergebnisses mit dem doppelten oder noch höheren Gewicht einzubeziehen. In der Praxis hat sich außerdem gezeigt, dass die Provisionierung über eine Teamkomponente in guten Zeiten gut funktioniert. Wenn die Ziele aufgrund von externen Bedingungen allerdings nicht mehr erfüllbar sind, kann dies schnell zu Frustration und Teamzerfall führen.

Betriebsergebnisse

Natürlich trägt jeder Vertriebsmitarbeiter zum Betriebsergebnis bei. Ein Mitarbeiter aber, der alle ihm vorgegebenen persönlichen Ziele erreicht hat, wird in der Praxis nur schwer verstehen, dass ein nicht ausreichendes Betriebsergebnis bei ihm zu einer Gehaltskürzung führt. Deshalb sollten Unternehmenskomponenten nicht Bestandteil des Gehalts, sondern eher eine optionale Zusatzkomponente sein, die als ein Bonus zu verstehen ist, aber eben nicht zu einer Gehaltskürzung führen kann.

Schlussvotum zur Vergütung

Zum Schluss noch eine wichtige allgemeine Bemerkung zur Vergütung. Die Vergütung Ihrer Vertriebsmitarbeiter ist eine Komponente mit zentraler Bedeutung, und sie ist Vertrauenssache. Erfolg und Leistung müssen für alle Mitarbeiter im Unternehmen nachvollziehbar und steuerbar sein. Der einzelne Mitarbeiter, gerade im Vertrieb, sollte die Möglichkeit haben, sein Einkommen variabel teilweise selbst beeinflussen zu können. Zur Höhe lässt sich sagen:

> *Nach unserer Meinung sollte der variable Anteil bei mindestens 30 bis 40 % oder mehr liegen - je nach Aufgabenstellung oder Branche.*

Es gibt keine Musterlösungen, sondern nur eine individuelle Lösung für Ihr individuelles Unternehmen. Diese Lösung muss vor allem auch zu Ihrer Unternehmenskultur passen. Deshalb verstehen Sie unsere Modelle, Systeme und Bemessungsgrößen lediglich als Anregung und entwickeln und testen Sie Ihr eigenes Vergütungsmodell.

4.2.2 Aktionsplanung

In den meisten Branchen gestaltet sich der Vertrieb im Verlauf eines Jahres sehr unterschiedlich. Teils gibt es flaue Sommer und heiße Jahresendgeschäfte, teils werden die höchsten Umsätze zum Jahresbeginn gemacht.

> *Eine Aufgabe für Sie als Vertriebsleiter kann es daher sein, durch gezielte Aktionen diese Schwankungen auszugleichen bzw. abzumildern.*

Insbesondere im Einzelhandel können Aktionen aber auch dazu dienen, der Saison folgend besondere Umsätze zu tätigen.

In der Regel müssen Sie dazu in jedem Fall in enger Abstimmung mit dem Marketing einen Aktionsplan oder ein Jahresaktionsprogramm planen und durchführen. Im Wesentlichen gibt es dazu fünf verschiedene Aktionstypen, die wir auf der folgenden Seite übersichtlich zusammenstellen und kurz beschreiben.

Die fünf wesentlichen Aktionstypen

Sonderaktionen

Ist Ihr Angebot schon so gut, dass es nicht noch weiter verbessert werden könnte? Welche Chancen bestehen also zur Verkaufsförderung?

Interessanten Anschauungsunterricht gibt in diesem Zusammenhang die Automobilindustrie, die ständig Special-Edition-Fahrzeuge mit Komplettausstattung oder Sonderzubehör anbietet, um zusätzliche Kaufanreize zu schaffen. Selbst wenn Sie Investitionsgüter verkaufen, sollten Sie dieses Thema nicht sofort ad acta legen. Auch in Ihrem Bereich gibt es Mittel und Wege, um das „Alles-aus-einer-Hand"-Denken beim Kunden zu verbessern. Zusätzlich bietet sich Ihnen die Gelegenheit, durch Verbesserung Ihrer eigenen Gesamtleistung, z.B. in Form einer vom Kunden nicht zu bezahlenden Zusatzleistung, die Attraktivität Ihres Angebots zu erhöhen und sich darüber hinaus auch noch als Lösungsanbieter zu positionieren. Eine weitere Alternative sind zeitbezogene Angebote, z.B. ein Angebot des Monats. Sie können Ihrem Kunden gegenüber argumentieren, dass Sie eine größere Stückmenge produziert oder eingekauft haben und Sie diese Kosteneinsparungen jetzt durch geldwerte Vorteile an Ihren Kunden weitergeben wollen. Das ist quasi das Modell „Tchibo".

Neukundengewinnung

Eine sehr interessante Möglichkeit für ein Aktionsprogramm bietet auch die Neukundengewinnung. Da die wenigsten Vertriebsmitarbeiter in der Praxis gern Klinken putzen, sondern viel lieber mit ihren bekannten Kunden sprechen, ist eine gezielte Aktion ab und an sinnvoll. Sie können diese Aktion z.B. auch sehr gut mit einer Extraprämie oder einem Incentive-Wettbewerb (siehe vorhergehendes Kapitel) verknüpfen.

Neuprodukteinführungen

Da Produktlebenszyklen immer kürzer werden und auch Dienstleistungsanbieter mit immer neuen Innovationen immer schneller auf den Markt kommen müssen, bietet sich hier ein interessanter Ansatzpunkt für eine gezielte Aktion an. Denn häufig endet die professionelle Aufbereitung für den Vertrieb mit einer guten Produktpräsentation und dann heißt es: „Verkauft mal schön." In der Praxis fangen die Schwierigkeiten einer professionellen Vermarktung hier aber erst an. Ohne Unterstützung besteht die Gefahr, dass sich Ihre Vertriebsmitarbeiter sehr schnell wieder auf ihre alten und bewährten Produkte und Kunden konzentrieren. Um dem entgegenzuwirken, können Sie eine gezielte Aktion starten und mit integrierten Maßnahmen aus Vertriebssteuerung, Vergütung, Marketing, Incentives etc. die Produktneueinführung begleiten.

Kundenrückgewinnung

Ebenso erstrebenswert ist es natürlich, verlorene Kunden zurückzugewinnen und dazu eine konzertierte Aktion zu starten. Kunden von uns haben z.B. sehr gute Erfahrungen mit einer Interviewaktion bei verlorenen Kunden gemacht. Dabei wurden verschiedene Fragen vorbereitet, die nicht auf den direkten Verkauf abzielten, sondern die Ansichten des verlorenen Kunden in den Vordergrund stellten. Daraus konnte sich dann wieder eine neue Beziehung entwickeln (siehe dazu auch das Thema Kundenrückgewinnung in Kapitel 3).

Kundenerfolgssteigerungsprogramme

Wenn wir die Aktionen unserer Kunden analysieren, finden wir immer wieder Folgendes als wesentliche Basisidee diverser Aktionen: Aktionen sollen verkaufen – am besten direkt, messbar und profitabel. Die meisten Aktionen sind Verkaufssteigerungsprogramme.

Was halten Sie davon, wenn Sie im Rahmen Ihres Customeyes-Konzepts einen Schritt weiter gehen? Planen Sie doch einmal eine Aktion, um den Erfolg Ihrer Kunden zu steigern. Planen Sie doch einmal eine Aktion, in der Sie Ihren Kunden helfen, deren Verkauf zu steigern.

Wie wäre es z.B. mit einer Kundenveranstaltung zur Kundenerfolgssteigerung, begleitet durch eine Informationsoffensive, in der Sie Ihre Kunden über neueste Entwicklungen informieren, die diese sofort am Markt umsetzen können. Natürlich mit Ihrer Hilfe. O. k., Sie können dann natürlich nicht am gleichen Tag per Kassensturz den Erfolg dieser Aktion messen, denn der Erfolg dieser Aktion findet in der Regel erst später statt. Dann allerdings umso kräftiger und nachhaltiger durch den indirekten Weg über mehr Absatz Ihrer Kunden, durch Empfehlungen und Spätkäufe.

4.2.3 Vertriebsmeetings

Wozu brauchen Sie eigentlich noch Vertriebsmeetings? Gerade der Vertrieb funktioniert doch nach dem Prinzip der Arbeitsteilung. Außerdem gibt es Telefon, Fax, E-Mail, Internet und Intranet. Reicht das nicht an Kommunikation? Wie sagt Radio Eriwan: „Im Prinzip ja, aber ..."

Die heutige Arbeitsteilung im Vertrieb ist grundlegend anders als früher. Viele Vertriebsprojekte sind so komplex, dass sie nicht mehr von einer Person – und sei diese ein noch so genialer Key-Accounter – durchschaut und gehandhabt werden können. Erfolge können hier oft nur noch durch das Zusammenwirken von Personen unterschiedlicher Stärken und Schwerpunkte entstehen. Darin liegt übrigens die eigentliche Veränderung der Arbeitsteilung im Vertrieb. Die einzelnen Vertriebsbeiträge addieren sich nicht mehr zu einem Ganzen. In Zukunft werden sie sich viel mehr multiplizieren zu einem komplexen Vertriebsprojekt. Dafür brauchen wir die vielfach beschriebene Netzwerkorganisation, und damit diese funktioniert, brauchen wir Kommunikation.

„Aber gibt es denn dafür nicht Telefon, Fax, E-Mail, Intranet usw.?" „Im Prinzip ja, aber ..." IT heißt ja nicht ohne Grund „Informationstechnologie". Dort wird Information ausgetauscht, nicht Wissen! Und Information ist allenfalls das Material, aus dem Wissen entstehen kann. Die moderne Technologie hat die Kommunikation immer mehr auf den Informationsaustausch reduziert. Über das Telefon lassen sich hervorragend Informationen abgleichen, über E-Mails Sachverhalte bestätigen. Aber:

Innovative Gedanken entstehen zum überwiegenden Teil in persönlichen Gesprächen.

Studien der US-amerikanischen Management-Schmiede MIT bestätigen das (80 % aller innovativen Gedanken entstehen in persönlichen Gesprächen). Deshalb brauchen wir heute und vor allem auch morgen im Vertrieb Rahmenbedingungen, die diese Kommunikation fördern. Damit die Mitarbeiter nicht nur die vertriebsrelevanten Informationen austauschen, sondern damit sie auch ihr Vertriebswissen weitergeben und vor allem innovative Vertriebsideen und Strategien entwickeln können.

Um Ihren Vertriebsmeetings den richtigen Rahmen zu geben, beschreiben wir nachfolgend vier Erfahrungen aus der Praxis für effektive und effiziente Vertriebsmeetings.

Erster Erfahrungsbereich: Positivbeispiele kommunizieren

Worüber wird in den meisten Vertriebsmeetings diskutiert? Wird über die 98 % der Verkaufsgespräche diskutiert, in denen alles funktioniert, der Kunde kauft, zufrieden ist und Sie weiterempfiehlt? Oder wird viel mehr über die 1 bis 2 % Ausnahmesituationen gesprochen, in denen es um Negativbeispiele geht? Ist es nicht sogar so, dass viele Ihrer Vertriebsmitarbeiter es sogar als Sport betrachten, ihre Kollegen mit immer noch dramatischeren Negativbeispielen auszustechen?

Wir stellen immer wieder verwundert fest, dass gerade auch Vertriebsmitarbeiter in den Pausengesprächen zu Aussagen neigen wie: „Unser Produkt ist doch einfach unverkäuflich ...", „Zu diesem Preis bekommen wir das nie in den Markt", „Wenn das so weitergeht, dann sind wir in zwei Jahren pleite ..." Um dem entgegenzuwirken:

Wir möchten Ihnen empfehlen, jedes Vertriebsmeeting mit positiven Erlebnissen und Erfolgsmeldungen zu beginnen.

Und erzählen Sie uns nicht, dass Ihre Vertriebsmitarbeiter zwischen zwei Meetings keine Erfolgserlebnisse gehabt haben.

Eine andere Variante, um vom negativen zum positiven Meeting zu gelangen ist, sich sowohl bei den Positiv- als auch bei den Negativbeispielen (wenn schon unbedingt darüber gesprochen werden muss) auf die so genannten „lessons learned" zu konzentrieren. Was hat der Mitarbeiter, der das Beispiel berichtet, daraus gelernt? Und was können Sie und Ihre Kollegen daraus für die Zukunft lernen?

Beispiel

Einer unserer Kunden hat seine Vertriebsmitarbeiter verpflichtet, Erfolgstagebücher im Vertrieb zu schreiben. Aus diesen Einträgen im Tagebuch kann dann jeder Mitarbeiter in den 14tägigen Meetings einen Eintrag auswählen und zum Besten geben. Dort sind neben dem Datum, dem Namen des Kunden und dem verkauften Produkt auch die Schritte zum Abschlusserfolg und die „Neins" des Kunden, die das Abschluss-„Ja" vorbereitet haben, aufgeführt. Eine interessante Idee, finden Sie nicht auch?

Zweiter Erfahrungsbereich: Innendienst mit einbeziehen

Beziehen Sie Ihre Mitarbeiter im Innendienst in Besprechungen des Außendienstes mit ein. Sehr häufig ist es doch so, dass Besprechungen des Verkaufsleiters mit dem Außendienst inhaltlich zwar vom Innendienst vorbereitet werden, der Innendienst selbst jedoch nicht daran teilnimmt. Wir meinen, damit vergeben Sie eine wichtige Chance, den „Verkäufer im Innendienst" verstärkt in die Denk- und Vorgehensweise des Außendienstes zu integrieren. Durch die Teilnahme an Außendienst-Besprechungen wird es Ihrem Innendienst möglich, Anforderungen anderer Fachabteilungen mit einzubringen und selbst am Entscheidungsprozess teilzunehmen. Wichtige Tipps aus der Innendienstperspektive im Hinblick auf die Realisierung kundenspezifisch anzuwendender Maßnahmen können so frühzeitig berücksichtigt werden.

Damit die Mitarbeiter des Innendienstes als „vollwertige Teilnehmer" in solchen Besprechungen fungieren können, sollten sie unbedingt auch eigene Beiträge einbringen können oder müssen. Bedenken

Sie: Außendienstbesprechungen bilden eine hervorragende Kommunikationsmöglichkeit zwischen Ihren Mitarbeitern im Außen- und Innendienst. Sie könnten die Meetings ja auch gleich Vertriebsbesprechungen nennen statt Außendienst-Meeting.

Dritter Erfahrungsbereich: Regionalmeetings
Vermutlich arbeiten auch Sie mit periodisch wiederkehrenden Regionalmeetings. Wir haben in unserer Praxis schon alles gesehen: zweimal im Jahr, einmal im Monat, jede Woche. Was wir allerdings auch immer wieder gesehen haben, ist, dass auf solchen Regionalmeetings viel Zeit mit Controlling verschwendet wird. Da werden die Umsatzentwicklungen von Produkten und Kunden im Einzelnen sehr detailliert durchgearbeitet. Wir meinen, das kann Ihr Außen- und Innendienstmitarbeiter in der Eigenanalyse viel besser. Streichen Sie doch einfach den Punkt Controlling von der Tagesordnung. Und funktionieren Sie Ihre Regionalmeetings zu Workshops um, in denen es nicht mehr so sehr um das „Was" geht, sondern vor allem auch das „Wie" bearbeitet wird.

Beispiel: Tagesordnung

Top 1: *Wie verkaufen wir das neue Produkt P generell und bezogen auf einzelne bestimmte Kunden? (Kundenspezifische Maßnahmen!)*

Top 2: *Durch welche konkreten Maßnahmen können wir das Servicepaket SP forcieren?*

Top 3: *Wie verschaffen wir uns für die Bearbeitung von 1A-Kunden mehr Zeit; welche Maßnahmen wollen wir in dieser gewonnenen Zeit umsetzen?*

Top 4: *Wie können wir konkret das Empfehlungsgeschäft forcieren, um die Neukundenquote langfristig und vor allem dauerhaft zu erhöhen? (Theorie, Einstellung und Training)*

Sie werden feststellen, dass Regionalworkshops dieser Art in der Regel sehr viel effizienter sind, mehr Spaß bringen und Ihre Mitarbeiter hochgradig motivieren. Und das konnte man von den meisten Regionalmeetings bisher leider nicht behaupten, oder?

Wichtig scheint uns übrigens auch noch die Regelmäßigkeit. Wir konnten dies bei einem unserer Kunden beobachten. In seinem Fall war es ein wöchentliches Meeting, das eingeführt wurde. Dies schlug sich in einer kräftigen Belebung der Motivation mit besserem Erfolg nieder: Jede Woche ein halber Tag Neuigkeiten und Informationen, Verkaufstraining und Fachschulung – das hat in diesem Fall fast Wunder gewirkt.

Vierter Erfahrungsbereich: Jahrestagung
Zum Ende bzw. zu Beginn eines Geschäftsjahres finden in der Regel überall Vertriebsjahrestagungen statt.

Die beiden Hauptziele von Jahrestagungen

1. Das Wir-Gefühl stärken

Wenn Sie einmal im Jahr Ihren gesamten Vertrieb zusammen haben, möchten Sie sicher die Gelegenheit nutzen, das Wir-Gefühl des Vertriebs, aber auch die Verbundenheit mit der Geschäftsleitung und den Produktmanagern und nicht zuletzt auch mit Ihnen als Vertriebsleitung zu verbessern.

Wir meinen, dass es dazu sehr viel bessere Möglichkeiten als Power-Point-Beamer-Präsentationen gibt. Wir sind uns sicher, Sie selbst haben dafür auch attraktive Ideen.

Ein Wir-Gefühl schaffen Sie durch gemeinsames Erleben und gemeinsames Arbeiten, z.B. in kleinen Teambuilding-Einheiten oder beim gemeinsamen Erarbeiten von konkreten Verbesserungsvorschlägen für Engpässe im Vertrieb. Die Traininsszene bietet mit ihren Methoden viele weitere gute Anregungen. Gehen Sie auf die Suche!

2. Auf die neuen Jahresziele verpflichten

Sie wollen Ihre Vertriebsmitarbeiter in dieser Tagung auch auf die Zielsetzungen des kommenden Jahres verpflichten. Das macht natürlich Sinn, denn schließlich haben alle an diesen Zielen mitgearbeitet. Dies gelingt aber in der Regel in Kleingruppen-Workshops sehr viel besser, und zwar in solchen, in denen nicht mehr so sehr über das längst bekannte „Was", sondern vielmehr über das „Wie" diskutiert wird.

Die dort erarbeiteten Ergebnisse können später im Plenum präsentiert werden. Das ist praxisverbunden und bietet Ihren Mitarbeitern direkt sofort umsetzbaren Nutzwert.

Fazit: Konzentrieren Sie sich bei Ihren Jahrestagungen auf die Ziele, die Sie erreichen wollen, und setzen Sie die geeigneten Rahmenbedingungen, um diese Ziele auch erreichen zu können.

4.3 Vertriebssteuerung

Immer wieder wird behauptet, dass viele Vertriebsorganisationen dem härteren Verdrängungswettbewerb und den Herausforderungen durch die Globalisierung auch am Heimatmarkt nicht gewachsen sind. Wir werden häufig gefragt, wo unserer Meinung nach diejenigen Hauptprobleme liegen, denen man mit besserer Steuerung des Vertriebs begegnen könne. Schauen wir uns diese Felder mit Handlungsbedarf zunächst an, bevor wir uns darum kümmern, wie sich Vertrieb steuern lässt. Aus unserer Praxiserfahrung heraus haben wir drei Tatbestände identifiziert, bei denen sich Nachsteuerung lohnt bzw. Erfolg versprechend ist:

1. Die meisten Vertriebsorganisationen steuern ihre Besuchsfrequenz noch immer nach der klassischen ABC-Umsatz-Klassifikation.

Je nach Branche werden so pro Reisetag zwischen vier und zehn (!) Besuche durchgeführt. Die Gesprächszeit liegt dann naturgemäß nur zwischen 20 und 40 Minuten je Kunde. Wie soll hier eigentlich eine Beziehung aufgebaut, ein Problem ermittelt und eine kundenspezifische Lösung erarbeitet werden?

2. Nur knapp 25 % der Arbeitszeit eines durchschnittlichen Außendienstmitarbeiters sind verkaufsaktive Zeit.

Eine Stunde verkaufsaktive Gesprächszeit kostet also je nach Branche zwischen 250 und 600 Euro. Firmenspezifische Analysen ergeben immer wieder, dass 40 bis teilweise sogar 60 % aller Besuche in Kunden investiert werden, die nur mit 10 % zum Gesamtergebnis beitragen. Aus unserer Sicht ist das eine betriebswirtschaftliche Katastrophe.

3. Verkaufsmitarbeiter sind nach wie vor stark gesteuert und kontrolliert.

In Deutschland lieben wir den sog. zentralistischen Anweisungsvertrieb. Die Controller haben inzwischen auch im Vertrieb ein breites Betätigungsfeld erobert. Sogar Verkaufsleiter sind Opfer dieses perfekten Controllings geworden. Permanent bekommen sie zu hören, was sie besser machen sollen. Aber kaum einer kann sagen, wie man es besser machen soll. Wenn es Ihnen auch so geht, halten Sie sich deshalb immer vor Augen, dass Sie Ihr Geld ausschließlich vom Kunden bekommen!

Beachten Sie, dass es der Außendienstmitarbeiter ist, der jeden einzelnen Kunden im Sinne von Grenzen, Möglichkeiten, Chancen und Risiken am allerbesten kennt.

Das heißt, Sie sollten eigentlich nicht nur die Umsatz-, sondern auch die Ergebnisverantwortlichkeit so weit wie nur irgend möglich an diesen Kundenkenner Nummer eins – Ihren Außendienstmitarbeiter – delegieren. Wenn Sie Verkaufs- oder Vertriebsleiter sind, erkennen Sie bitte an, dass heute Ihr Außendienstmitarbeiter mit durchschnittlich ca. 80 bis 120 T Euro Gesamtkosten pro Jahr, und nicht nur deswegen, eine gestandene Persönlichkeit ist, der man diese Ergebnisverantwortlichkeit und -kompetenz auch anvertrauen kann.

Mal ehrlich, wenn einer Ihrer Außendienstmitarbeiter auf Sie zukommt und sagt: „Pro Woche besuche ich statt der vorgegebenen 16 nur noch vier Kunden, denn ich brauche diese Zeit, um tief in die Kundenstrukturen, in die kundenseitigen Gegebenheiten und in die Entscheiderstrukturen und Entscheidungsprozesse eintauchen zu können. Ich brauche diese Zeit, um mit dem Kunden zusammen Maßnahmen zu erarbeiten, die unserem Motto folgen: Ich will meinen Kunden zum Erfolg verhelfen, damit ich meinerseits Erfolg habe." Mal ehrlich, wie reagieren Sie auf solch einen Mitarbeitervorschlag?

Genau da wollen wir doch eigentlich hin! Vom Bestsellerautor Tom Peters stammt die inzwischen schon fast klassische Einschätzung, die meisten Organisationen seien „overmanaged" und „underleaded". Sprich: Es wird zu viel verwaltet und zu wenig begeisternd geführt.

Deshalb möchten wir an dieser Stelle den Appell loswerden: Steuern Sie nicht so sehr das „Was", steuern Sie nicht so sehr die Ergebnisse, sondern setzen Sie klare Ziele, geben Sie die Rahmenbedingungen vor und helfen Sie Ihren Mitarbeitern mit der Vertriebssteuerung, diese Ziele auch zu erreichen. Controllen Sie das „Wie". Und zwar nicht im deutschen Wortsinn von kontrollieren, sondern in der eigentlichen Übersetzung von Steuern und Anleiten.

Blicken Sie aufs Spielfeld

Sie als Verkaufsleiter müssen sich mit den Prozessen befassen, die zu den Ergebnissen führen. Ähnlich wie ein Fußballtrainer. Er steuert den Erfolg seiner Mannschaft nicht, indem er Ihnen vor Beginn der Saison mitteilt: „Jungs, im Verlauf der Saison müsst ihr mindestens 80 Punkte erzielen und bei jedem Spiel mindestens drei Tore schießen."

Nein, er sitzt vielmehr bei jedem Spiel auf der Trainerbank und von dort schaut er nicht auf die Anzeigetafel, sondern er blickt aufs Spielfeld, um zu erkennen, ob seine Spieler genügend Einsatz zeigen, ein gutes Stellungsspiel praktizieren und ausreichend über die Flügel spielen. Nur dann kann er ihnen Tipps geben, wie sie das Spiel gewinnen können, und so den kurzfristigen und vor allem auch den langfristigen Erfolg beeinflussen.

4.3.1 Kriterien der Vertriebssteuerung

Das nach wie vor in der Praxis am häufigsten verwendete Kriterium zur Vertriebssteuerung ist der Umsatz. Erst danach folgen mit einigem Abstand Gewinn, also Deckungsbeiträge, Qualität und Kundenwert. Mit weiterem Abstand folgen dann erst Aufgaben und Projekte.

Der erste Schritt in einer erfolgreichen Vertriebssteuerung für Sie muss also heißen: Nach welchen Kriterien wollen Sie Ihren Vertrieb steuern? Diese Kriterien können Sie ableiten aus der Vertriebsstrategie auf der einen Seite und der oben beschriebenen SWOT-Analyse auf der anderen Seite.

Im nächsten Schritt gilt es dann, für diese Kriterien aussagekräftige Messgrößen und Kennzahlen zu bestimmen. Hier taucht in der Praxis häufig das Problem auf, dass das Controlling nicht die nötigen Kennzahlen liefern kann, um daraus Detailmaßnahmen zur Verbesserung der Gewinnsituation ableiten zu können. Viele uns bekannte Vertriebsleiter wären schon froh, wenn sie aus ihrem Controlling eine vertriebsspezifische Deckungsbeitragsanalyse bekommen könnten. Hier sind Sie als Verkäufer nach innen gefragt.

Apropos Deckungsbeiträge: Häufig macht es Sinn, den Vertrieb nach Deckungsbeiträgen zu steuern. Denn letztendlich ist es das, worauf es ankommt: Wie viel Gewinn erzielen Sie bei diesem Geschäft? Auch wir wissen, dass man dann ganz sauber eine Prozesskostenanalyse betreiben müsste.

Aber gehen wir doch lieber Schritt für Schritt. Deshalb zurück zur Deckungsbeitragsanalyse. Mit einer deckungsbeitragsgesteuerten Vertriebsorganisation wechseln Sie von der reinen Umsatzorientierung zur Rentabilitätsorientierung. Allerdings gibt es auch einige Nachteile. Wenn Sie Ihre Vertriebsorganisation mit Originaldeckungsbeiträgen steuern wollen, müssen Sie diese Deckungsbeiträge, also Ihre Kalkulation, auch intern veröffentlichen. Es ist dann früher oder später unvermeidbar, dass dieses Material dann bei Ihren Kunden und Mitbewerbern landet.

Darüber hinaus behält bei einer hohen Zahl von Produkten (sagen wir einmal, 500 Produkte mit 500 verschiedenen Deckungsbeiträgen) kaum ein Vertriebsarbeiter mehr den Überblick. Und damit geht der Steuerungseffekt natürlich verloren. Noch dazu, da sich die Originaldeckungsbeiträge praktisch ständig verändern, aufgrund von Materialpreisschwankungen, Währungsveränderungen etc.

Außerdem kann es vertriebspolitisch manchmal sinnvoll sein, auch Produkte oder Dienstleistungen mit niedrigeren Deckungsbeiträgen zu forcieren. Denn Sie können doch unmöglich Ihre Vertriebsprioritäten nur bestimmt sein lassen durch das mathematische Verhältnis der Deckungsbeiträge zueinander. Wie sollte Ihr Vertrieb dann rentabilitätsorientiert gesteuert werden? Unser Tipp:

Arbeiten Sie nicht mit den Originaldeckungsbeiträgen, sondern mit einem Vertriebsdeckungsbeitrag.

Das Vorgehen könnte wie in dem folgenden Vorschlag aussehen:

Vorgehensweise beim Arbeiten mit Vertriebsdeckungsbeiträgen

- *Sie bilden aus Ihrem Gesamtsortiment zunächst drei Produktprioritätsgruppen.*
- *Jede dieser drei Produktgruppen bekommt als Kalkulationsgrundlage einen so genannten Vertriebsdeckungsbeitrag.*
- *Dieser Vertriebdeckungsbeitrag ist ein Prozentsatz des Listenpreises. Er kann dann als Grundlage für die Erfolgskalkulation der einzelnen Produkte, Geschäfte und auch Kunden herangezogen werden.*

Sie haben aber durch die Bestimmung dieses Prozentsatzes eine gewisse vertriebspolitische Entscheidungsfreiheit darüber, welches Produkt Sie welcher Prioritätengruppe zugeordnet haben wollen.

4.3.2 Richtig steuern

Einmal angenommen, Sie steuern Ihren Vertrieb immer noch nach dem Umsatz und Sie erkennen im Laufe eines Jahres, dass die Umsätze Ihrer Vertriebsorganisation hinter den Zielzahlen hinterherhinken. Dann reicht es nicht, das Motto an die Vertriebsmannschaft herauszugeben: „Mehr verkaufen!" Das ist jedem sowieso klar. Sie sollten also wieder einmal eine Analyse wagen. Denn grundsätzlich gilt:

- Es liegt entweder an der Kundenanzahl (zu wenig Kunden) oder
- am Kaufvolumen (die Kaufmenge pro Kunde ist zu gering) oder
- an der Kauffrequenz (die Kunden kaufen zu selten) oder
- am Kaufpreis (Kaufwert pro Kunde zu gering).

Wenn Ihr Vertriebscontrolling diese Zahlen liefert, dann haben Sie eine Chance, den Hebel an der richtigen Stelle anzusetzen. Sie können jetzt entweder die Kundenanzahl erhöhen durch Neukundengewinnung oder die Kauffrequenz erhöhen durch Stammkundenaktivierung oder das Kaufvolumen erhöhen, z.B. durch den Verkauf von mehr Zubehör oder mehr Komplettlösungen. Oder Sie können das Kaufpreisniveau erhöhen, z.B. durch den Verkauf höherwertiger Produkte.

Wenn Sie hierauf die richtige Antwort für Ihre Vertriebsorganisation – vielleicht auch für die einzelnen Vertriebseinheiten/Vertriebskanäle differenziert – finden, dann müssen Sie mit Ihren Mitarbeitern zusammen die Maßnahmen überlegen, mit denen sich die festgestellten Defizite am besten beheben lassen.

Diese Antwort ist alles andere als leicht, denn hinter der Ursache „Umsatzschwäche aufgrund zu geringer Neukundenanzahl" können sich viele weitere eigentliche Ursachen verbergen. Und hier gilt es gegenzusteuern. Hier sind Sie als Trainer und Coach gefordert. Denn Sie müssen sich mit Ihren Mitarbeitern auch um das „Wie" kümmern.

Richtig steuern heißt vor allem auch die richtigen Maßnahmen für die richtigen Produkte bei den richtigen Kunden auszuwählen. Richtig heißt also auch immer richtiges Prioritätenmanagement.

4.3.3 Instrumente der Vertriebssteuerung

Unsere Prämissen für die richtige Auswahl der Instrumente zur Vertriebssteuerung haben wir Ihnen gerade eben schon beschrieben. Deswegen möchten wir Ihnen hier nur ganz kurz zwei weit verbreitete Instrumente vorstellen. Auf das Thema CRM-Software werden wir in einem eigenen Kapitel am Ende des Buches noch ausführlich eingehen.

Balanced Scorecard (BSC)
Die Balanced Scorecard hat inzwischen in vielen Firmen Einzug gehalten. Aus unserer Sicht ist sie ein durchaus geeignetes Instrument zur Vertriebssteuerung, wenn sie auch vertriebsspezifische Teile integriert. Eine typische Balanced Scorecard enthält die von uns oben beschriebenen strategischen Ziele, Messgrößen, Zielwerte und Aktionsprogramme. Als Vertriebsleiter ist es wichtig, in der Balanced Scorecard in einem eigenen Bereich repräsentiert zu sein und dort auch die übergeordnete Vertriebsstrategie wiederzufinden. Dies könnte z.B. heißen: „Was müssen wir für unsere Kunden leisten, um messbar zu deren Erfolg beizutragen?“ Die daraus abzuleitenden strategischen Ziele könnten z.B. in einem Maschinenbauunternehmen dann wie folgt lauten:

- Präsenz auf den relevanten Weltmärkten,
- wettbewerbsfähige Preise,
- Anerkennung als Anbieter hochwertiger Produkte und
- Kundenzufriedenheit.

Vorgehen beim Einsatz einer BSC
Aus den strategischen Zielen müssen Sie als Nächstes die entsprechenden Messgrößen ermitteln. Die Leitfrage dabei lautet: „Wie können wir die Zielerreichung messen?“

Beispiele

Für die Präsenz auf den Weltmärkten könnte das z.B. der prozentuale Marktanteil im jeweiligen Marktsegment sein oder auch die Anzahl der Niederlassungen weltweit. Für die wettbewerbsfähigen Preise könnte eine Messgröße der Preisindex sein, der vom Branchenverband ermittelt wird. Auch für die Anerkennung könnte man einen Branchenreport heranziehen. Der Grad Kundenzufriedenheit dagegen könnte durch eine Kundenumfrage geklärt werden. So ermitteln Sie für jedes Ziel mindestens eine Messgröße.

Im nächsten Schritt sind in der Regel diese Messgrößen noch einmal zu verfeinern, also z. B: „Was fragen wir in der Kundenumfrage ab?“

Wenn Sie die Messgrößen und die entsprechenden Kennzahlen ausgewählt haben, dann geht es um die operativen Ziele für das Folgejahr. Die Leitfrage hierbei kann lauten: „Wie soll die konkrete Ausprägung sein?“

Beispiele

Wie hoch soll Ihr Marktanteil sein, in den verschiedenen Segmenten? Also z.B. > 35 % in Deutschland, > 20 % in Europa, 120 Niederlassungen weltweit. Im Branchenreport ist Ihr Ziel klar: Nr. 1 im Ranking in Ihrem Segment. Bei der Kundenumfrage können Sie, falls Ihre Daten das hergeben, z.B. einen Scoring-Wert vereinbaren. Scoring-Wert > 80 z.B. oder Kundenzufriedenheit 95.

Im dann nächsten und letzten Schritt beginnt die wichtigste Arbeit der Vertriebsleitung. Es geht um die Maßnahmen. Sprich: Was müssen Sie tun? Diese Maßnahmen müssen Sie jetzt für Ihre einzelnen Einheiten, für Ihre einzelnen Organisationen, Vertriebskanäle, Vertriebsgebiete und vielleicht sogar Vertriebsmitarbeiter einzeln vereinbaren.

Customer Managed Scorecard

So wie es bei einer Balanced Scorecard für das Unternehmen darum geht, den Kennzahlen für Finanzen und Ergebnisbeitrag Kennzahlen für Leistungen und Prozesse, für Mitarbeiter, Potenziale, Personalentwicklung und für Marketing und Vertrieb gegenüberzustellen, geht es in der Customer Managed Scorecard darum, in einem integrativen Konzept die Kundenperspektive der Instrumenten- und der Prozessperspektive gegenüberzustellen.

> *Mit Hilfe der Customer Managed Scorecard soll die Analyseplanung, die Umsetzung und die Kontrolle von Maßnahmen auf strategischer, taktischer und operativer Ebene des Kundenmanagements unterstützt werden.*

In der instrumentenbezogenen Perspektive stehen vor allem die Betrachtung und Entwicklung von Kennzahlen über Ihre Produkte, Preis-,

Kommunikations- und Distributionspolitik im Fokus. In der kundenbezogenen Perspektive betrachten Sie die Entwicklung von Kennzahlen über durchschnittliche Wertpotenziale, Kontakte, Käuferstruktur, Umsatzentwicklung, Vertriebspotenziale und Kundenbefragungsdaten.

Neben der kundenbezogenen und Instrumentenperspektive spielt auch die Ausprägung unternehmensinterner Leistungsprozesse im Kundenmanagement eine zentrale Rolle. Deshalb wird den beiden vorgenannten Kennzahlenfeldern noch die prozessbezogene Perspektive hinzugefügt. Hier könnte der Fokus auf Prozessqualität, Prozesseffizienz, Mitarbeiterperformance und Mitarbeitermotivation liegen. Aber auch mitarbeiterbezogene Kundenorientierung oder Mitarbeiterkompetenz könnten gemessen werden. Idealerweise betrachten Sie diese Prozesse natürlich wieder customeyes, also aus Kundensicht.

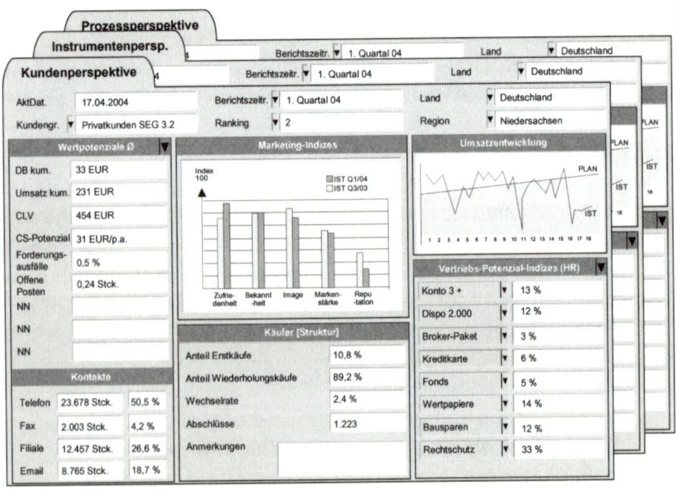

Quelle: Strategy & Marketing Institute 2004 (www.strategy-institute.com)

Abb. 4.4: Beispiel einer Customer Management Scorecard

4.3.4 Forecast-Planung

Ein wichtiges Aufgabenfeld der Vertriebssteuerung ist in vielen Branchen auch die Forecast-Planung. Wenn Sie in einer Branche tätig sind, in der die verkauften Produkte mehr oder weniger in beliebiger Menge zur Verfügung stehen (z.B. Versicherungen), dann hat dieses Thema mehr eine strategische Bedeutung.

Wenn Sie jedoch Produkte verkaufen, die Sie dann noch produzieren oder einkaufen müssen, oder wenn Sie Dienstleistungen verkaufen, für die Sie Mitarbeiter vorhalten müssen, die diese Dienstleistungen ausführen, dann bekommt die Forecast-Planung zusätzlich noch eine ganz essentielle Bedeutung für die Steuerung Ihrer Einsätze, Ihrer Auslastung und die Planung Ihrer Investitionen.

Wie sieht die Forecast-Planung in der Praxis aus?

Ein Verkaufsleiter hat zu uns einmal über die Forecast-Planung in seinem Unternehmen gesagt: „Der einzige Weg vernünftige Forecast-Zahlen zu bekommen ist es, mit meinem Bauchgefühl bei den Zahlen Anpassungen vorzunehmen, die mir meine Vertriebsmitarbeiter aus dem Bauch heraus nennen." Das ist auf den Punkt gebracht. Denn wir schätzen, dass in 80 % der Fälle Vertriebe zentrale Forecast-Zahlen ermitteln, indem sie die über den Daumen gepeilten Zahlen der Mitarbeiter addieren und mit dem Bauch korrigieren.

So muss es bei Ihnen im Unternehmen aber nicht sein, denn gute und systematische Forecast-Planung muss nicht unbedingt kompliziert oder extrem analytisch sein. Vielmehr ist gute Forecast-Planung ein natürliches Produkt von guten strategischen Vertriebsprozessen, etwas Analytik und Erfahrung.

Voraussetzungen und Vorgehen bei systematischer Forecast-Planung

Gute Forecast-Planung braucht ein Set von Indikatoren, die Vertriebsmitarbeitern und Vertriebsleitung ein einfaches Tool an die Hand geben, mit dem sie die Wahrscheinlichkeit von Umsätzen für jede Vertriebschance und jeden bestehenden Kunden in den verschiedenen Vertriebsprozessen vorhersagen können. Aber die Ermittlung dieser Art von Kennzahlen ist leider nur schwach entwickelt und in der Praxis noch seltener gebraucht. Viel häufiger werden in der Praxis immer noch

Mittelwerte gebildet aus den viel zu optimistischen und den viel zu konservativen Annahmen.

Wenn Sie Ihre Vertriebsprozesse wie in Kapitel 3 dieses Buches sauber definiert haben, und wenn Sie die einzelnen Stufen Ihres Vertriebsprozesses nicht an Aktivitäten, sondern, wie von uns empfohlen, an Meilensteinen orientiert haben, dann ist eine zuverlässige Forecast-Planung kein Hexenwerk mehr. Denn mit ein wenig Statistik über einen längeren Zeitraum lassen sich sehr präzise durchschnittliche Wahrscheinlichkeiten ermitteln:

Wie viel Prozent aller in den Vertriebstrichter eingekippten Kontakte werden zu Neukunden? Wie viel Prozent aller qualifizierten Bedarfe bei Bestandskunden werden am Ende auch abgeschlossen? Auch das Verhältnis zwischen abgegebenen Angeboten und gewonnenen Aufträgen lässt sich sehr einfach ermitteln.

Wir haben in der Praxis festgestellt, dass diese Wahrscheinlichkeiten in ein und demselben Vertriebsprozess über eine gesamte Firma und einen längeren Zeitraum hinaus relativ stabil sind und sich daher hervorragend zur Forecast-Planung verwenden lassen. Sie müssen einfach nur die potenziellen Umsätze in jeder Stufe mit den für Ihre Firma und den spezifischen Vertriebsprozess ermittelten Abschlusswahrscheinlichkeiten multiplizieren und diese Werte Stufe für Stufe addieren.

Um eine Forecast-Planung für Ihr Unternehmen mit passenden Wahrscheinlichkeiten auszustatten führt kein Weg daran vorbei, die Research-Arbeit im eigenen Unternehmen vorzunehmen.

Wir halten aus unseren Praxiserfahrungen heraus wenig davon, in CRM-Systemen vorgegebene pauschale Prozentzahlen zu übernehmen. Beginnen Sie deshalb am besten mit einer vermuteten Gewichtung der Faktoren und verfeinern Sie diese mit Ihren Praxiserfahrungen immer weiter.

Es gibt noch einen weiteren Erfolgsfaktor: Sie brauchen unterschiedliche Wahrscheinlichkeitsfaktoren für Ihre unterschiedlichen Vertriebsprozesse. Es ist schließlich einleuchtend, dass die Abschlusswahrscheinlichkeit bei einem bestehenden Kunden, der einen neuen Bedarf anmeldet, wesentlich höher ist, als wenn Sie bei einem Neukunden einen qualifizierten Bedarf ermittelt haben. Wie gesagt, einleuchtend, aber leider nicht immer selbstverständlich auch umgesetzt.

4.3.5 Steuerung in harten Zeiten

Fast alle Unternehmen, deren Umsätze in der jüngeren Vergangenheit zurückgegangen sind, verstärkten nach allgemeinen Beobachtungen ihre Vertriebsanstrengungen und reduzierten parallel ihre Kosten. Preissenkungen und Stellenkürzungen, als die eher zu erwartenden typischen Maßnahmen, werden in der Praxis nur von einem Drittel der befragten Unternehmen vorgenommen.

Im Rahmen der Mercuri Vertriebs-Studie von Oktober 2002 wurden Unternehmen in diesem Zusammenhang gefragt, auf welche Maßnahmen sie nun setzen wollen, um ihre Vertriebsanstrengungen zu verstärken. Hier die Top vier:

1. Mehr Neukunden,
2. Forcierung bestimmter Kundengruppen,
3. Forcierung bestimmter Produkte und
4. kundenindividuelle Preisanpassungen.

Andere umfangreiche Studien, z.B. von Huthwaite, haben allerdings ergeben, dass die üblichen Strategien, die auf Preissenkungen, mehr Werbung oder gesteigerten Vertriebsaktivitäten basieren, teilweise zwar versteckte, aber deutliche Nachteile haben und in der Regel auch kaum nachweisbaren Erfolg hervorbrachten. Nichts tun ist aber natürlich genauso fatal. Also, was sind nun die Strategien, um Ihre Vertriebsproduktivität in harten Zeiten zu steigern? Wir glauben, dass es dafür drei fundamentale Regeln gibt, die Sie unbedingt beachten sollten.

Erfolgswirksame Regeln für mehr Vertriebsproduktivität
1. Regel: Verkauft wird am P.O.S. (point of sale).
Die Japaner haben auf dem Gebiet der Produktion hervorragend vorgemacht, dass Produktivität nicht per Firmenpolitik oder Verordnung von oben erreicht wird. Produktivität steigert man, indem man das Verhalten der Personen verändert, die den Job machen. Das gilt auch für den Vertrieb. Bevor also die Veränderungen in Richtung Kundenorientierung bzw. in Richtung Customeyes-Kultur sich nicht auf das Verhalten Ihrer Vertriebsmitarbeiter auswirken, werden diese Veränderungen keine positiven Auswirkungen auf die Produktivität im Vertrieb haben.

2. Regel: Schlagkraft ist wichtiger als Schlagzahl.
Wenn Vertriebsmitarbeiter in harten Zeiten nicht erfolgreich sind, dann liegt das häufig daran, dass sie die falschen Dinge tun. Jetzt einfach nur die Aktivitäten zu steigern, sodass sie zukünftig eventuell noch mehr vom Falschen tun, wird Ihnen deshalb nicht helfen. Es macht daher sehr viel mehr Sinn, die Vertriebsfähigkeiten der Mitarbeiter zu verändern und sie fit zu machen für einen härteren Wettbewerb.
3. Regel: Schlechte Zeiten erfordern neue Fähigkeiten.
Was in guten Zeiten funktioniert, muss nicht unbedingt auch in schlechten Zeiten funktionieren. Deshalb ist es von eminent wichtiger Bedeutung, dass Sie das Anforderungsprofil für Ihre Vertriebsmitarbeiter dem veränderten Marktumfeld anpassen. Unglücklicherweise trainieren die meisten Vertriebsorganisationen immer noch nach einem veralteten und heute nicht mehr zeitgemäßen Fähigkeitenmodell. Fazit: Auch oder gerade in harten Zeiten geht es um Effektivität, nicht nur um Effizienz. Es geht um an die Zeiten angepasste Strategien und zeitgemäßes Verhalten.

4.4 Unterstützung der Vertriebsmitarbeiter

Wie im vorherigen Abschnitt bereits ausgeführt, ist die Unterstützung der Vertriebsmitarbeiter eines der wichtigsten Themen für die Vertriebsleitung. Denn Sie als ziel- und strategieverpflichteter Vertriebsleiter sind auf qualifizierte und engagierte Vertriebsmitarbeiter angewiesen. Deshalb müssen Sie mit Menschen umgehen können, damit Ihre Zielsetzungen und Strategien auch in die Praxis umgesetzt werden.

> ***Sie als Verkaufsleiter/in wären schlecht beraten, wollten Sie alle Entscheidungen allein treffen. Vielmehr müssen Sie sich auf eine gute Kommunikation, einen kooperativen Führungsstil und, besonders wichtig, auf Ihre Vorbildwirkung stützen.***

Insoweit sind Sie als Verkaufsleiter/in, wie bereits oben erwähnt, sehr gut mit einem Fußballtrainer vergleichbar. Sie sorgen dafür, dass Ihr Team gut ausgebildet und motiviert auf das Spielfeld geht – am wichtigsten jedoch sind die Spieler, von denen jeder einzelne während des Spiels sein eigener Chef ist. Oder können Sie sich vorstellen, dass ein

Fußballspieler den Ball vor das gegnerische Tor führt und plötzlich zunächst zu seinem Trainer rennt und fragt, was er machen soll?

Leider gehen vielen uns bekannten Unternehmen mangels Delegation der Entscheidungsfindung an die wichtigsten Spieler an der Kundenfront viele Umsätze verloren. Aber über das Thema Entscheidungsstrukturen haben wir ja bereits in Kapitel 2 dieses Buches im Rahmen der Organisationsstruktur ausführlich geschrieben. Wir möchten noch einen zusätzlichen Punkt anfügen: Ihre Vertriebsmitarbeiter sollten so gut trainiert sein, dass sie im entscheidenden Moment automatisch das Richtige tun, ohne zu fragen und ohne selbst lange nachdenken zu müssen. Wie hat der Stürmer Lukas Podolski einmal auf die Frage „Was haben Sie sich dabei gedacht, als Sie den Ball dem Torhüter durch die Beine getunnelt haben?" so schön geantwortet: „Wenn ich dabei gedacht hätte, hätte ich ihn nicht reingemacht." Ein schlauer Kollege von uns hat das Thema einmal wie folgt zusammengefasst:

„Führen heißt ... Mitarbeiter erfolgreich, Teams arbeitsfähig und sich selbst überflüssig zu machen."

4.4.1 Qualifizierte Mitarbeiter

80 % der befragten Mitarbeiter im Vertrieb berichten, dass die Anforderungen, die an sie gerichtet werden, erheblich gewachsen sind. Ebensolche 80 % sind sich darüber im Klaren, dass sie ihre Kompetenzen erweitern müssen. 69 % sehen die Anforderungen als Anstoß, sich selbst weiterzubilden. Das sind zumindest die Ergebnisse einer Studie, die das Institut für angewandtes Wissen in Köln durchgeführt hat. Das heißt, die Mitarbeiter haben bereits gemerkt, dass sie sich verändern müssen, dass sie sich weiterentwickeln müssen.

62 % der Befragten allerdings würden gerne von ihren Führungskräften erfahren, welchen neuen Anforderungen sie durch welche Qualifizierungsmaßnahmen wie begegnen sollen. Sie als Vertriebschef/in müssen Ihren Mitarbeitern also deutlich machen, was genau Sie von ihnen erwarten.

Noch ein interessantes Ergebnis dieser Studie: Über die Hälfte der befragten Vertriebsmitarbeiter wünschten sich Erfolgskontrollen für absolvierte Qualifizierungsmaßnahmen. Wir stellen häufig fest, dass immer noch das so genannte klassische Verkaufsseminar, manchmal sogar als einzige Weiterqualifizierungsmaßnahme, firmenintern für Vertriebsmitarbeiter angeboten wird. Manche langjährigen Außendienstmitarbeiter/innen hören diese Thematik im Laufe ihrer Berufsjahre dann schon zum x-ten Mal. Immer wieder müssen sie lernen:

- Jedes Kundengespräch bedarf einer gründlichen Vorbereitung.
- Es gilt, aktiv zuzuhören.
- Der Kunde soll mit Fragen geführt werden.
- Bei Kundeneinwänden ist die Ja-aber-Methode einzusetzen, aber nicht die Formulierung „ja, aber ..." zu verwenden.
- Insgesamt muss der Kunde auf der Ja-positiv-Straße gehalten werden.

Nicht, dass wir uns falsch verstehen. Jeder Verkäufer sollte am Anfang seines Berufslebens durchaus zwei- bis dreimal mit dieser Grundlagenthematik des Verkaufens konfrontiert werden, dann aber ist es genug. Denn heutzutage stehen viel wichtigere Themen auf dem Programm. In Zeiten knapper Ressourcen ist es viel wichtiger, dass die Teilnehmer in Vertriebsschulungsbausteinen das lernen, was sie auch wirklich brauchen, um den Anforderungen, denen sie aktuell gegenüberstehen, auch gewachsen zu sein. Dazu von uns vier Regeln aus der Praxis für die Praxis.

Vier Regeln für praxisgerechte Trainings

Regel 1: Setzen Sie auf die richtigen Seminarthemen.
Schwerpunktthemen aus heutiger Sicht könnten sein:

- Preisverhandlungen,
- betriebswirtschaftliche Argumentation,
- Renditeverantwortung des Außendienstes,
- „Wir sind Problemlöser des Kunden".

Natürlich gibt es noch weitere hoch spannende Themen, die Sie aus Ihrer eigenen Vertriebsorganisation sicher kennen und zielsicher identifizieren können.

Regel 2: Vermeiden Sie Gleichmacherei.
Immer wieder wird, speziell bei firmeninternen Seminaren, so getan, als hätten alle Außen- und Innendienstmitarbeiter die gleichen Qualifizierungslücken und damit Qualifizierungsbedarfe. Es kommt aber ganz

wesentlich darauf an, für jeden einzelnen Ihrer Außendienstmitarbeiter ein individuelles Qualifizierungsprogramm zu entwickeln oder die Vertriebstrainings methodisch so zu gestalten, dass jeder teilnehmende Mitarbeiter das lernt, was er braucht.

Regel 3: Weiterbildung muss in der Praxis umgesetzt werden.
Die oft „Happy-Sheets" genannten Feedbackformulare am Ende eines jeden Seminars, nach dem Motto „der Trainer war gut, die Inhalte spannend, das Essen lecker, die Kollegen nett, und deshalb sollte es unbedingt ein Folgeseminar geben", geben zwar einen ersten Eindruck wieder. Sie zeigen, ob die Basis gelegt ist, damit überhaupt Inhalte in die Praxis umgesetzt werden können. Aber erreicht haben Sie bis jetzt noch gar nichts. Die wichtigste Arbeit für Trainer und Teilnehmer beginnt erst nach dem Seminar. Nun gilt es, das Gelernte in der Praxis umzusetzen und anzuwenden. Aus diesem Grund haben sich Intervalltrainings mit mehreren Lernschleifen bewährt. So können Sie besser überblicken, ob die Teilnehmer die Inhalte auch wirklich in ihrem Vertriebs-Alltag umsetzen.

Regel 4: Prüfen Sie eine Ressourcenbeteiligung der Mitarbeiter.
Vor allem mitarbeiterindividuelle Qualifizierungsprogramme sind Maßnahmen, die im Sinne von Angebot und Nachfrage auch den Marktwert der Mitarbeiter erhöhen. Sei es, dass er sich nun schneller in Ihrem Unternehmen weiterentwickelt oder später einmal die Firma aus Karrieregründen wechselt. Darüber hinaus erhöhen Sie auch das Commitment des Mitarbeiters. Wenn er selbst Geld oder Zeit investiert hat. Er hat dann auch ein größeres Interesse daran, hinterher die Früchte zu ernten. Und das kann Ihr Mitarbeiter im Vertrieb mit seinen variablen Gehaltsbestandteilen ja auch ganz gut.

Coaching
Coaching ist ein weiterer wesentlicher Bestandteil erfolgreicher Qualifizierungsmaßnahmen. Denn hier besteht perfekt die Möglichkeit, auf den individuellen Entwicklungsbedarf der einzelnen Mitarbeiter einzugehen. Vor allem die Kombination aus Training und Coaching verspricht großen Erfolg. Egal ob Sie als Vertriebsleiter als Coach fungieren, ob ein Kollege aus einem anderen Bereich das Coaching übernimmt (dann besteht kein direkter Rollenkonflikt) oder ob ein Externer, z.B. der Trainer, die Rolle des Coaches übernimmt. Entscheidend für eine dauerhafte

Verhaltensänderung Ihrer Mitarbeiter ist, dass sie sich über einen längeren Zeitraum immer und immer wieder mit dem Thema Lernen beschäftigen. Und dass dabei jeweils Themen bearbeitet werden, die aktuell einen Engpass darstellen.

4.4.2 Engagierte Mitarbeiter

Wir wissen nicht, wie viel schon über Motivation von Mitarbeitern durch Führungskräfte geschrieben wurde. Und wir wollen aus diesem Buch auch keinen Führungsleitfaden machen. Trotz alledem kommen wir natürlich nicht daran vorbei, wenn wir über die Unterstützung der Vertriebsmitarbeiter durch die Vertriebsleitung schreiben, auch über das Thema Motivation und Führung bzw. Motivation durch Führung zu sprechen. Auch hier werden wir uns auf die Spezialfälle einer Vertriebsorganisation beschränken.

Motivation
Das direkte Gespräch zwischen Führungskraft und Mitarbeitern ist sicher einer der wesentlichen Motivatoren. Oder wie Reinhard K. Sprenger sagen würde: „Eines der Mittel, das richtig angewandt zumindest keine Motivation beim Mitarbeiter zerstört."

Da die meisten Vertriebsorganisationen dezentral arbeiten, also die Mitarbeiter nicht mit der Führungskraft im gleichen Büro oder der gleichen Stadt sitzen, ist die Kommunikation zwischen Vertriebsmitarbeiter und Führungskraft oft sehr stark institutionalisiert. Deshalb gilt aus unserer Sicht:

> *Informelle Gespräche sind besonders wichtig. Dafür sollten Sie unbedingt Freiräume in Ihrer Organisation schaffen.*

Denken Sie daran, wenn Sie wieder einmal das nächste Vertriebsmeeting planen. Sie erinnern sich doch noch: Wissen entsteht häufig in informellen Gesprächen aus verknüpfter Information.

Darüber hinaus ist es wichtig, dass die Mitarbeiter in ihrem Tun einen Sinn erkennen, also das Übergeordnete kennen und sehen. Sinn halten wir für viel wichtiger als Motivationstraining. Denn wenn es Sinn gibt, dann ist das in der Regel Motivation genug. Neben informellen Sinn gebenden Gesprächen zur Motivation der Mitarbeiter ist ein gutes Vorbild wichtig.

Was zeichnet einen charismatischen visionären Vertriebsleiter aus?
Wir haben acht Verhaltensweisen dazu identifiziert:
1. Erfolge und Leistungen loben.
2. Eine Strategie formulieren, wie man den Vertrieb künftig führen will.
3. Eine Vision gemeinsam entwickeln, die für die Mitarbeiter klar und deutlich ist.
4. Wichtige Dinge in einfachen Worten ausdrücken.
5. Seinen Stolz auf die Organisation zeigen.
6. Selbstvertrauen zeigen.
7. Enthusiasmus fördern.
8. Das Bewusstsein einer gemeinsamen Mission verbreiten.

Ein schönes Beispiel für die Vorbildwirkung in der Praxis haben wir einem Artikel der Zeitschrift Capital aus dem Jahr 2004 entnommen. Dort wurden die besten Arbeitgeber Deutschlands gekürt. Und aus den dort genannten erfolgreichen Beispielen hat uns eines ganz besonders gut gefallen. Der Vorstand von Hennes & Mauritz hat die komplette Mannschaft der erfolgreichsten Filiale zur Belohnung für ein Wochenende nach Barcelona geschickt. Solche Formen von Anerkennung mag es woanders auch geben. Das Bemerkenswerte daran aber ist: In der Abwesenheit der Filialbelegschaft übernahm der Vorstand der Deutschlandzentrale die Geschäfte. Der Vorsitzende selbst verkaufte Damenbekleidung. Nicht verwunderlich, dass das Management in der Kategorie „Glaubwürdigkeit“ Bestnoten erhielt.

Führung
Jeder Mensch (auch Vertriebsmitarbeiter) hat drei Grundbedürfnisse, die von einer guten Führungskraft erfüllt werden sollten:
1. Sicherheit,
2. Freiraum und
3. Wertschätzung der Einzigartigkeit.

Dieses so genannte Führungsdreieck von Fritz Pearls bekommt im Vertrieb eine besondere Bedeutung. Denn in der Regel müssen Sie Ihre Vertriebsmitarbeiter zwangsläufig an der „langen Leine“ führen, da die wenigsten Vertriebsmitarbeiter mit Ihnen am gleichen Standort arbeiten werden. Von daher ergibt sich der im Dreieck geforderte Punkt Freiraum von alleine.

Wichtig ist allerdings, dass Sie den Freiraum auch gewähren und ausgestalten. Stichwort: Entscheidungsbefugnisse.

Oft geht der Freiraum aber zulasten des Grundbedürfnisses Sicherheit. Kann Ihr Mitarbeiter darauf vertrauen, dass, wenn er Sie braucht, Sie dann auch da sind? Denn darum geht es bei diesem Grundbedürfnis. Und das ist für uns die größte Herausforderung für die Vertriebsleitung. Wie schaffen Sie es, Ihren Mitarbeitern das Gefühl von Sicherheit zu geben? Verlässliche Rahmenbedingungen, wie oben schon beschrieben, tragen sicher einen Teil bei, allerdings wohl nur einen Teil.

Beispiel

Ein schönes Beispiel, wie es nicht funktioniert, hat man uns in einer Bank erzählt. Der Kunde zum Bankangestellten: „Geben Sie mir mein Scheckbuch, Sie Idiot." Der Angestellte ist irritiert: „Sie können doch nicht einfach ‚Idiot' zu mir sagen, mein Herr." Worauf der Mann entgegnet: „Also was ist, geben Sie mir jetzt mein Scheckbuch, Sie Idiot?" Der Angestellte geht zum Filialleiter und beschwert sich. Der Filialleiter ist empört: „Hat der überhaupt ein Konto bei uns?" „Ja." „Und wie hoch ist sein Guthaben?" „20 Millionen Euro." „Ja, dann geben Sie ihm doch das Scheckbuch, Sie Idiot."

Bleibt als dritter Bereich noch das Thema: Wertschätzung der Einzigartigkeit. Dieser Punkt ist natürlich nicht mit Incentives und Wettbewerben abgearbeitet. Hier geht es vielmehr darum, dass Sie jeden Mitarbeiter in seiner einzigartigen Individualität wertschätzen. Das bedeutet vor allem auch Vertriebsziele individuell zu definieren und den individuellen persönlichen Vertriebsstil jedes Mitarbeiters anzuerkennen und wertzuschätzen.

Wenn Sie es schaffen, unter den erschwerten Bedingungen, mit denen Führungskräfte im Vertrieb häufig zu kämpfen haben, dieses Dreieck aus Sicherheit, Freiraum und Wertschätzung in Balance zu halten, werden Sie auch mit Ihren engagierten Mitarbeitern Erfolg haben.

4.4.3 Spezialthema: Partner und freie Mitarbeiter führen

Partner

Auf die Führung von Partnern im Vertrieb möchten wir hier an dieser Stelle nur noch kurz eingehen. Behandeln Sie Ihre Partner wie Kunden in der Vertriebsprozessstufe „Telling Customer", als Partner eben. Dabei ist es egal, ob Ihre Kunden Partner sind oder Ihre Vertriebspartner Partner sind, aber wie Kunden behandelt werden. Die Erfolgsfaktoren sind jeweils die gleichen.

Handelsvertreter und Freiberufler

Wie führt man nun freie Mitarbeiter und Handelsvertreter? Und in der Regel gibt es davon ja gerade im Vertrieb eine ganze Menge. Welche Voraussetzungen müssen erfüllt sein, dass sie sich Ihrem Unternehmen verpflichtet fühlen? Oder wie das so schön auf Neudeutsch heißt: dass sie Commitment zeigen?

In der Praxis unterscheidet man drei Commitment-Formen:

- affektives Commitment (Emotionen wie Freude und Stolz),
- kalkulatives Commitment (berechnendes, auf Kosten- und Nutzenüberlegungen basierendes) und
- normatives Commitment (aufgrund eigener Werte und der an sie gerichteten Erwartungen).

Was bedeutet das für Sie als Führungskraft?

> *Sie sollten Ihre Freiberufler vor allem mit affektivem und normativen Commitment an sich binden.*

Also durch emotionale Bindung und durch die klaren und zur Persönlichkeit des Mitarbeiters passenden Werte und identischen Erwartungen. Das berechnende Commitment ist dort vorherrschend, wo das Arbeitsumfeld als unangenehm empfunden wird. Und wie heißt es so schön: „Wer wegen Geld kommt, geht auch wieder wegen Geld."

Aufgaben zur Selbstkontrolle

Frage
1. Nennen Sie mindestens fünf Kategorien für quantitative Ziele bzw. Kennzahlen, aus denen die Vertriebsleitung Ziele formuliert.
2. Eine SWOT-Analyse beleuchtet die beiden Gegensatzpaare a) Chancen + Risiken und Stärken + Schwächen b) Chancen + Schwächen und Stärken + Risiken c) Chancen + Risiken und Erträge + Kosten d) Chancen + Stärken und Erlöse + Deckungsbeiträge
3. Ordnen Sie die folgenden Vertriebsziele in diese Rubriken ein: a) ergebnisbezogene Ziele b) kundenbezogene Ziele c) mitarbeiterbezogene Ziele 1) Kundenzufriedenheit, 2) Mitarbeitermotivation, 3) Umsatzsteigerung, 4) Deckungsbeitrag nach Kunden, 5) Deckungsbeitrag nach Außendienstbezirk, 6) Rabatthöhe, 7) Lieferanteil beim Kunden, 8) Image der Mitarbeiter
4. Nennen Sie mindestens vier im Vertrieb anzutreffende Vergütungsformen, die zusätzlich zum Festgehalt gezahlt werden können.
5. Welche Aussagen treffen zu? a) Zeitbezogene Angebote zählen zu den Sonderaktionen. b) Neukundengewinnung lässt sich nicht als Sonderaktion durchführen. c) Es ist sinnvoll, Neuprodukteinführungen als gezielte Sonderaktion durchzuführen, gezielt zu steuern und beispielsweise mit Prämien oder Incentives zu begleiten. d) Zur Kundenrückgewinnung kann man eine Interviewaktion durchführen, um die Absichten der Kunden zu erfahren.
6. In welchem Zusammenhang ist eine Deckungsbeitragsanalyse für den Vertriebsleiter besonders interessant?
7. Welche im Verkauf begründeten Gründe können hinter der Planung herhinkende Umsätze haben?
8. Wie heißt die Planungsmethode, mit der Zielgrößen im Laufe der Planungsperiode nach Geschäftsverlauf angepasst werden?

5 Kundenorientierte Vertriebsmitarbeiter

Genauso, wie sich Vertrieb in den letzten Jahren weiterentwickelt hat, muss sich natürlich auch Ihre Vertriebsmannschaft weiterentwickeln.

Dieses Kapitel bezieht sich gleichermaßen auf die Anforderungen an die Vertriebsleiter als auch die „normalen“ Vertriebsmitarbeiter unter Ihnen als Leser/innen dieses Buches. Wir behandeln hier die Themen Anforderungsprofile und Recruiting und geben zusätzlich Tipps rund um Selbstorganisation und Selbstmotivation.

Im Vertrieb ist heute, salopp ausgedrückt, „vom push zum pull“ oder, wie wir hier im Buch schon mehrfach geschrieben haben, „Sog statt Druck“ angesagt.

Aus dem Wandel resultieren Anforderungen

Vorgestern wurde noch der Produktverkäufer gebraucht, der sein Produkt versteht und auf die Produktvorteile fokussiert war. Gestern waren Sie vermutlich noch erfolgreich mit Produktberater-Verkäufern, die die Situation des Kunden verstehen konnten und dann auf den Produktnutzen fokussiert waren. Heute aber, und erst recht morgen, sind Mitarbeiter/innen im Vertrieb gefragt, die als Problemlöser agieren können. Mitarbeiter, die sich in die Situation des Kunden hineinversetzen können und ihm helfen können, noch erfolgreicher zu werden.

> *Gebraucht werden „Menschenversteher“, die den Kunden als rational und mehr oder weniger verborgen emotional handelnde Persönlichkeit verstehen und die richtigen Motivtreiber herausfinden können.*

Emotional verkaufen – das gilt nicht nur im B2C-, sondern auch im B2B-Geschäft. Zusätzlich muss dieser Verkäufer von morgen bei Ihnen im Unternehmen auch Botschafter des Kunden sein. Ein Botschafter, der sein Wissen, das er durch die Verschmelzung mit seiner Zielgruppe erlangt, auch bei Ihnen im Unternehmen intern vertreten kann, sodass Sie frühzeitig auf Veränderungen reagieren können. Und noch etwas muss der Vertriebsmitarbeiter von morgen können: Er muss Networker sein. Ein Teamplayer, der in der Lage ist, mit den zu ihm passenden Kunden eine Partnerschaft einzugehen und ein Erfolgsnetzwerk zu bilden.

Da kommt einiges auf Sie zu. Und da stellt sich doch schnell die Frage: Haben Sie die richtigen Mitarbeiter/innen für die Herausforderungen von heute und morgen? Und wenn nein, wie bekommen Sie die richtigen Mitarbeiter? Was müssen diese Mitarbeiter können? Wie sollten sich diese Mitarbeiter organisieren und motivieren?

5.1 Anforderungsprofil

Die Vertriebsmitarbeiter sind für Ihr Unternehmen von außerordentlich hohem Interesse. Denn der Vertriebsmitarbeiter transportiert direkt Positionierung und Image Ihres Unternehmens zum Kunden, und das Tag für Tag.

Außerdem wird hier der Umsatz gemacht und das Ergebnis Ihres Unternehmens direkt beeinflusst. Umso wichtiger ist es, gerade in konjunkturell schwierigen Zeiten, Top-Leute mit dieser Aufgabe zu betrauen. Darüber hinaus wird sich der Vertrieb in den nächsten Jahren dramatisch verändern. Sie brauchen also Top-Leute, die noch dazu in der Lage sind, sich den veränderten Rahmenbedingungen anzupassen.

Was macht einen guten Verkäufer aus? Einerseits sind es Persönlichkeitsmerkmale wie Optimismus, Kontaktfreude, Flexibilität und Kommunikationsfähigkeit. Andererseits ist die Fachkenntnis wichtig. Und das bedeutet heute mehr als nur die Daten des Produktes herunterleiern zu können. Zusätzlich muss sich der Verkäufer auf dem eigenen und auf den Märkten der Kunden auskennen, betriebswirtschaftliche Grundkenntnisse in das Verkaufsgespräch einbringen, um so mit dem Kunden gemeinsam Lösungen individuell entwickeln zu können.

> ***Was Sie also brauchen, sind Partner des Kunden, die sowohl fachlich als auch persönlich auf Augenhöhe mit dem Kunden kommunizieren können.***

Ein kleines Beispiel: Die Servicephilosophie der Ritz-Carlton-Hotels drückt das ganz gut aus: „We are ladies and gentlemen, serving ladies and gentlemen."

5.1.1 Rollenverständnis

Diese eben genannten Anforderungen sind unternehmerische Anforderungen und sie können daher am leichtesten von Unternehmern erfüllt werden. Was Sie also brauchen, sind „Unternehmer im Unternehmen“. Mitarbeiter, die erkannt haben, dass es ihre vornehmste Aufgabe ist, im Unternehmensinteresse Kunden zu gewinnen, zu begeistern und zu halten. Mitarbeiter, die wie Unternehmer eigenverantwortlich entscheiden. Und auch einmal Ausnahmen von organisatorisch grundsätzlich sinnvollen Funktionsregeln immer dann zulassen, wenn sich die Chance bietet, im Interesse eines Customeyes-Service für den Kunden eine extra Meile zu gehen.

Verschiedene Benchmark-Projekte, die wir in den vergangenen Jahren durchgeführt haben, haben dies übrigens bestätigt. Vertriebsmitarbeiter, die sich als Unternehmer in ihrem Gebiete bzw. ihrem Kundensegmente verstehen, sind sehr häufig die erfolgreichsten Vertriebsmitarbeiter eines Unternehmens.

Noch einmal, Sie brauchen nicht Mitarbeiter, auch nicht freie Mitarbeiter, auch nicht Ich-AGs, sondern Unternehmer, denn auf diese Mitunternehmer kommen neue Anforderungen zu.

Früher hatte der Verkäufer das Monopol auf die Kundenbeziehung. Er war der Einzige, der Kontakt zum Kunden hatte, und über ihn lief alle Kommunikation. Er war Nadelöhr und Datenbank in Personalunion. In der Vergangenheit war die Kundenbeziehung daher das wichtigste Kapital eines Verkäufers.

In einem modernen Multichannel-Vertrieb dagegen muss sich der klassische Vertriebsmitarbeiter völlig neu definieren. Er ist plötzlich ein Manager des „Projekts Kunde“ geworden. Er ist nur noch einer von vielen, die mit dem Kunden kommunizieren, die ihn beeinflussen. Er weiß plötzlich nicht mehr alles und kann auch nicht mehr alles direkt kontrollieren, was mit der Kundenbeziehung zu tun hat. Aber auch im modernen Multichannel-Vertrieb muss jemand für die Kundenbeziehung in Gänze verantwortlich sein. Denn nicht jeder Vertriebskanal kann seine eigene Kundenstrategie entwickeln. Sondern es muss eine übergreifende Strategie für die Zusammenarbeit mit diesem einen bestimmten Kunden geben.

In der Regel wird das der bisherige Außendienstmitarbeiter sein, der diese Aufgabe übernimmt. Denn er kennt den Kunden am besten, hat über den persönlichen Kontakt den intensivsten Zugang auf höchstem

Entscheiderniveau und wird in der Regel die Basisstrategien festlegen müssen. Das ist nichts Neues, das hat er bisher ja auch gemacht. Neu für ihn ist dagegen, dass er jetzt auch Kollegen aus anderen Vertriebskanälen einsetzen und einplanen muss. Er muss entscheiden, wie und auf welchem Kanal er den Kunden zukünftig weiter entwickeln will. Er muss eine integrierte Kundenstrategie entwickeln und dieses Projekt quasi als Projektleiter auch umsetzen und controllen.

Wie Sie sehen, werden an den Vertriebsmitarbeiter von morgen erhebliche und neue Anforderungen gestellt, die über das traditionelle Leistungsprofil eines Vertriebsmitarbeiters hinausgehen. Denn er muss sein „Unternehmen Kunde“ langfristig zum Erfolg führen.

5.1.2 Persönliche Werte

Haben Sie schon einmal jemanden ausreichende Einsatzbereitschaft, zufrieden stellende Motivation oder angemessene Loyalität loben hören? Wohl kaum. Was Sie von Ihren Mitarbeitern erwarten, ist vielmehr volle Einsatzbereitschaft, hohe Motivation und unbedingte Loyalität. Solides Mittelmaß wird oft als Mittelmäßigkeit abgestempelt, und wer sich nicht voll einbringen will, braucht sich erst gar nicht zu bewerben. Vor Jahren reichte Motivation noch als wichtige Eigenschaft eines Vertriebsmitarbeiters aus. Heute wirkt manchmal sogar hohe Motivation schon blässlich. Also wird neuerdings als vermeintliche Steigerung die Volition (Willenskraft) eingefordert. Nur, wie bekommen Sie solche Mitarbeiter? Woran erkennen Sie solche Mitarbeiter? Warum sind die persönlichen Werte der Mitarbeiter wichtig?

Ableitungen aus einer Studie

Eine Studie aus der Allfinanz-Branche, in der über drei Jahre rund 150 Führungskräfte begleitet wurden, die sowohl im operativen Verkauf als auch in der Mitarbeiterführung tätig waren, hat einen ganz klaren Zusammenhang zwischen persönlichen Werten und Berufserfolg ergeben. Wobei der Berufserfolg hier am Jahresumsatz, an der Fluktuation der Mitarbeiter, am persönlichen Einkommen und an den Stornoquoten gemessen wurde. Nach dieser Studie unterscheiden sich erfolgreiche Verkaufsmanager vom Bevölkerungsdurchschnitt vor allem in ökonomischen (Eigennutz) und individualistischen (Positionsmacht) Werten durch eine höhere Ausprägung. Entsprechend sind bei ihnen die sozialen (Selbstlosigkeit) und traditionellen (Missionswunsch) Werte eher geringer ausgeprägt.

Zusammenfassend kann man sagen:

> *Den Unterschied zwischen Topverkäufern und sehr guten Verkäufern macht nicht das Verhalten, sondern die Werte. Dort ist ein signifikanter Zusammenhang zum Erfolg festzustellen.*

Es bleibt die Frage: Müssen die Werte aus der zitierten Studie besonders ausgeprägt sein? Unserer Erfahrung nach müssen die Werte der Verkäufer vor allem mit den Werten des Unternehmens, für das sie verkaufen, deckungsgleich sein. Das ist der entscheidende Zusammenhang für Erfolg. Die Werte Ihrer Mitarbeiter müssen zu den Werten Ihres Unternehmens passen. Wie hat Jack Welch, der ehemalige und sehr erfolgreiche CEO von General Electric, einmal gesagt: „We hire people because of their skills and we fire them because of their personality." Zu Deutsch: „Wir engagieren Mitarbeiter aufgrund Ihrer Fähigkeiten und wir schmeißen sie wieder raus aufgrund ihrer Persönlichkeit." Im Umkehrschluss:

> *Die Persönlichkeiten, die zu Ihrem Unternehmen passen, haben in Ihrem Unternehmen auch Erfolg.*

5.1.3 Einstellungen

Passende Werte sind also eine Grundvoraussetzung für motivierte und erfolgreiche Mitarbeiter. Aber natürlich gehört noch mehr dazu. Die richtigen Mitarbeiter im Vertrieb müssen auch die richtigen Persönlichkeitsmerkmale mitbringen. Sie sollten offen und kommunikativ sein, wobei kommunikativ hier vor allem „Fragen" statt „Sagen" bedeutet.

Und sie brauchen die richtige Einstellung zum „Nein" des Kunden. Insofern geht es auch um die Einstellung zu Misserfolgen. Spornt sie ein solcher Fehlschlag eher an oder steigert er vielmehr eine bereits vorhandene Angst vor weiteren Rückschlägen? Wie gehen diese Mitarbeiter mit Fehlern um? Werden Fehler unbedingt vermieden und gar als schlimm betrachtet, oder herrscht die Einstellung vor, aus Fehlern lerne ich? Sind sie bei Herausforderungen problemorientiert, lösungsorientiert oder idealerweise optionenorientiert und entwickeln aus der Kombination der verschiedenen Optionen die optimale Lösung?

Was verstehen sie unter einer guten Kundenbeziehung? Agieren sie wie gestern noch nach dem Motto „anhauen, umhauen, abhauen“ oder konzentrieren sie sich auf ein bestimmtes Verfahren, so wie es heute sehr häufig gefordert wird? Oder sind sie schon in der Lage, sich auf die Grundbedürfnisse der Kunden zu konzentrieren und dadurch eine dauerhafte Kundenbeziehung einzugehen? Sie erinnern sich noch: Kundenbesitz statt Produktbesitz ist unser Motto. Daraus folgt auch die Frage nach dem persönlichen Fokus. Worauf sollte er gerichtet sein? Auf sich selbst (gestern), auf die Partner und Kunden (heute) oder auf die Bedürfnisse des Partners und der Kunden (morgen!).

5.1.4 Wissen – Können

Wie heißt es so schön: „Einen Wettbewerbsvorteil erlangt man nicht durch mehr Wissen, sondern nur durch mehr Kompetenz.“ Das hat einen wahren Kern – nur, welche Anforderungen werden an die Vertriebsmitunternehmer der Zukunft gestellt? Mercuri International hat in seiner „Pisa-Studie des Vertriebs“ Einkaufsleiter aus 140 Unternehmen befragt, was sie von den Verkäufern erwarten, mit denen sie zu tun haben. Hier eine kompakte Zusammenfassung der Ergebnisse:

Was sollte ein/e Verkäufer/in wissen? (Top 6 Antworten)

- *Er/sie kennt die Branchensituation des Kunden und die relevanten Branchentrends.*
- *... kennt die eigenen Produkte und ihre Leistungseigenschaften.*
- *... kennt die Wettbewerbsprodukte inkl. Leistungseigenschaften.*
- *... kennt die Produktanforderungen und Einsatzsituationen des Kunden.*
- *... kennt die aktuelle Marktstellung des Kunden.*
- *... kennt die Zielsetzung/Marktstrategien des Kunden.*

Das sind Anforderungen, die bisher höchstens an Key-Account-Manager gestellt wurden. Diese Antworten hier beziehen sich aber auf die Durchschnittsverkäufer. Die Einkaufsleiter erwarten von ihnen, dass sie sich zu aktiven Erfolgshelfern des Kunden weiterentwickeln. Denn viele

Unternehmen sind heute darauf angewiesen, das Know-how ihrer Lieferanten aktiv für die Verbesserung ihrer eigenen Wettbewerbsfähigkeit zu nutzen. Am liebsten sind den Einkaufsleitern Verkäufer, die selbstständig mit Lösungen auf ihre Kunden zukommen. Mitdenken wird nicht bestraft, im Gegenteil. Wissen allein reicht jedoch erfahrungsgemäß nicht aus. Erst wenn es mit den entsprechenden Fähigkeiten gekoppelt wird, kann es aktiv genutzt werden.

Deshalb wurden die Einkäufer auch gefragt, welche Fähigkeiten und Kompetenzen sie von Verkäufern erwarten. Hier auch diese Ergebnisse aus der oben zitierten Studie:

Was sollte ein/e Verkäufer/in können? (Top 5 Antworten)

- *Er/sie reagiert schnell auf Kundenanfragen.*
- *... hat Kompetenz für verbindliche Lieferterminzusagen.*
- *... kann kompetent über das Leistungsangebot des Lieferanten informieren.*
- *... hat Kompetenz für verbindliche Preiszusagen.*
- *... kann sein Angebot genau auf die spezifischen Ziele des Kunden ausrichten.*

Alle diese fünf Punkte wurden von mehr als 80 % aller befragten Einkaufsleiter von den Verkäufern gefordert.

Noch ein Ergebnis aus dieser Studie: Es herrscht sowohl beim Wissen als auch beim Können eine große Diskrepanz zwischen Wunsch und Wirklichkeit. Beim heutigen Verkäufer gibt es noch viel Potenzial für Verbesserungen ... Es gibt also noch viel zu tun.

5.1.5 Der Verkäufer im Innendienst

Mehrmals haben wir in diesem Buch herausgearbeitet, dass Außendienstmitarbeiter sich zukünftig deutlich stärker als bisher auf Zielkunden/Partner konzentrieren müssen. Und wir haben auch aufgezeigt, dass die neue Qualität der Kundenbearbeitung zu anderen Arbeitsfeldern führt. Das hat allerdings zur Konsequenz, dass der Außendienstmitarbeiter von seinen Routinebesuchen mit einer Gesprächsdauer von, sagen wir einmal, 30 Minuten abrücken muss und viel mehr – nämlich durchaus 60 bis 70 % seiner zeitlichen Kapazität – in die qualitativ wettbewerbsüberlegene Bearbeitung seiner Zielkunden investieren muss.

Wer aber bearbeitet Nicht-Zielkunden, Stammkunden, routinemäßig zu betreuende Kunden? Der „Verkäufer im Innendienst", ein bisher so in vielen Verkaufsorganisationen nicht bekanntes Berufsbild! Diese veränderte Form der Kundenbearbeitung kann sehr gut nach dem Motto „Abbau der persönlichen Besuchsfrequenz bei gleichzeitiger Steigerung der Kontaktfrequenz" erfolgen.

Die Steigerung der Kontaktfrequenz ist dann die Aufgabe für Ihren Verkäufer im Innendienst. Unabhängig, ob dieser Innendienstverkäufer im Sinne einer Tandemorganisation gemeinsam mit dem Außendienstmitarbeiter die kundenbezogene Umsatz- und Ergebnisverantwortung trägt, oder ob er ganz allein die Betreuung des Kunden übernimmt und deshalb auch ganz allein die Ergebnisverantwortung übernimmt. So oder so führt es zu einem neuen Anforderungsprofil für den Vertriebsinnendienst.

> *Zusammenfassend kann man es so beschreiben: „Der neue Verkäufer im Innendienst wäre in der Lage, ab morgen einen Außendienstbezirk eigenverantwortlich zu übernehmen."*

5.2 Recruiting von Vertriebsmitarbeitern

Das Gallup Institut hat vor einiger Zeit 1,7 Millionen Mitarbeiter aus 101 Unternehmen in 39 Ländern der Welt nach dem Übereinstimmungsgrad von Aufgabe und eigenen Stärken befragt.

Auf die Frage: „Haben Sie an Ihrem Arbeitsplatz täglich Gelegenheit, das zu tun, was Sie am besten können?" antworteten nur 20 % der Befragten mit: „Ja". Anders ausgedrückt: 80 % aller Mitarbeiter in den befragten Großunternehmen haben nicht das Gefühl, so eingesetzt zu sein, wie es ihren Stärken optimal entspräche. Natürlich ist das die subjektive Meinung der befragten Mitarbeiter.

Aber überlegen Sie einmal: Wie oft verbringen Mitarbeiter in Ihrem Unternehmen Zeit mit Tätigkeiten, die ihnen nichts bedeuten, an Orten, die ihnen gleichgültig sind, und das möglicherweise noch mit Menschen, die ihnen ebenfalls egal sind? Und das nur aus einem einzigen Grund: Weil es ihr Job ist. Dabei wissen wir doch alle ganz genau, dass wir deutlich besser als andere auf Dauer nur dort sein können/sind, wo wir im Kernbereich unserer Talente und Stärken tätig sein können. Das ist dort, wo sich automatisch eine hohe Lerngeschwindigkeit mit Motivation, Begeisterung, Durchhaltevermögen und dem Stolz auf das eigene Können zur Spitzenleistung verbinden.

Deshalb nun zu den Managern, die diese Vertriebsmitarbeiter einstellen. Das Ergebnis einer weiteren Gallup-Untersuchung zeigt die Grundannahmen der Durchschnittsmanager:

- Jeder Mensch kann lernen, in nahezu jedem Gebiet kompetent zu werden.
- Das größte Wachstumspotenzial hat jeder Mensch dort, wo er bislang noch Schwächen hat.

Im Gegensatz dazu erklärten die Topmanager sehr übereinstimmend:

- Menschen ändern sich nicht so sehr.
- Verschwende keine Zeit ihnen beizubringen, was sie sowieso nicht lernen.
- Arbeite heraus, was sie an Talenten und Stärken mitbringen (dies ist hart genug), und setze sie diesen Talenten und Stärken gemäß ein.

Lassen Sie sich bei Ihrem Vertriebsteam von diesen Prinzipien leiten:

> ***Fokussieren Sie auf die Stärken Ihrer Mitarbeiter/innen und achten Sie bei der Teamzusammensetzung auf die passenden Kompetenzen. Ihre Kunden werden es Ihnen danken.***

5.2.1 Auswahl der richtigen Mitarbeiter

Wie gerade schon erarbeitet, sollten Sie idealerweise nur Mitarbeiter einstellen, die die Stärken, Talente und Einstellungen mitbringen, die sie für die Aufgabe, in der sie eingesetzt werden sollen auch benötigen. Noch mal zur Deutlichkeit: Es geht nicht um Wissen, um Können, um Skills, um Kompetenzen. Sondern es geht darum: Was tun die Leute gerne, wo haben sie ihre Stärken und ihre Talente? Dazu müssen Sie natürlich ein klares Anforderungsprofil haben. Ein Anforderungsprofil, das sich nicht nur auf Wissen und Können bezieht. Sondern ein Anforderungsprofil, in dem auch ganz klar die erforderlichen persönlichen Einstellungen und Werte beschrieben sind.

Wählen Sie die Mitarbeiter aus, die zu dem ausgeschriebenen Job passen, die aber auch zu Ihnen und zu Ihrem Unternehmen passen. Und wählen Sie die Mitarbeiter aus, die mit ganzem Herzen „Ja" sagen können zu Ihrer Organisation.

5.2.2 Mitarbeiter finden

Die richtigen Vertriebsmitarbeiter sind schwer zu finden. Es reicht nicht, dass der Bewerber Verkaufserfolge in der Vergangenheit nachweisen kann. Er muss die konkreten Anforderungen der freien Vertriebsaufgabe erfüllen. Wenn Sie hier irren, riskieren Sie eine Fehleinstellung und das kann teuer werden.

Eine methodische Auswahl sowie Kompetenz- und Potenzialanalysen können Ihnen bei der erfolgreichen Stellenbesetzung helfen. In der Personalfachliteratur finden Sie dazu natürlich umfangreiche Leitfäden, aber die Praxis zeigt: Werden mancherorts (auch) die Einstellungsverfahren der Vertriebsmitarbeiter nach allen Regeln der Personalwirtschaft fast wissenschaftlich betrieben, gibt es andernorts noch immer Vertriebsleiter, die ausschließlich „ihrer Nase" vertrauen. Wir plädieren für Systematik, aber mit Augenmaß. Für den „Normalfall" des Vertriebs bauen wir nach unseren Erfahrungen auf folgende Schritte:

Sechs Schritte zum richtigen Vertriebsmitarbeiter

1. Schritt: Am Anfang steht das Anforderungsprofil

Wie oben beschrieben, müssen Sie sich zuerst darüber klar werden, welchem Anforderungsprofil Ihr Bewerber genügen soll. In einem klaren Soll-Profil können Sie dann die Anforderungen formulieren. Darin sollten neben der Fach- und der Methodenkompetenz auch die soziale und persönliche Kompetenz berücksichtigt werden. Genauso wie die Einstellungen und die geforderten Werte. Auch das gesuchte Rollenverständnis sollte hier noch einmal erwähnt werden. Wenn Sie die Anforderungen festgelegt haben, müssen Sie entscheiden, in welchem Ausmaß der Verkäufer die Anforderungen erfüllen muss. Hier gilt nämlich nicht immer unbedingt „zu 100 %". So können Sie Prioritäten setzen.

2. Schritt: Vorauswahl

Klar, die Vorauswahl erfolgt nach Durchsicht der Bewerbungsunterlagen. Beachten Sie neben dem Lebenslauf mit seinen Informationen, den Zeugnissen und Referenzen unbedingt auch das Anschreiben. Wie ist die Bewerbung begründet? Welche Erwartungen verbindet der Bewerber mit dem angestrebten Stellenwechsel? Will er zu Ihnen und in Ihr Unternehmen oder sucht er nur irgendeinen Job, egal wo?

3. Schritt: Auswahlprozess und Auswahlmethoden festlegen

Um Kompetenzen und Leistungspotenziale der Bewerber zuverlässig einzuschätzen, bieten sich folgende Verfahren an:

- strukturiertes oder teilstrukturiertes Interview,
- Assessment-Center und
- computergestützte oder internetbasierte Diagnosesysteme zur Kompetenz-, Werte- und Potenzial-Analyse.

Diese Verfahren können Sie selbstverständlich miteinander kombinieren, meistens macht das auch Sinn. Keines der Verfahren kann aber „laienhaft" erfolgreich betrieben werden, alle drei erfordern Professionalität sowie (unterschiedlich umfangreiche) Vorbereitung. Wie viel Sie hier investieren, hängt naturgemäß davon ab, um welche Stellen es geht, ob Sie mehrere Mitarbeiter einstellen und/oder dies regelmäßig tun. Insofern werden Sie nicht in jedem Fall das gesamte Verfahrensrepertoire einsetzen, sondern bedarfsweise nur ausgewählte Verfahren.

4. Schritt: Interview

Wer sich um einen Arbeitsplatz bewirbt, wird bestrebt sein, sich und seine Qualitäten ins rechte Licht zu rücken. Er wird sich beim Einstellungsgespräch dem Interviewer anpassen und alles daransetzen, die angebotene Position zu erhalten. Viele Interviewer lassen sich – trotz Menschenkenntnis und langjähriger Erfahrung – durch sicheres Auftreten, gute Kommunikationsfähigkeit, intelligente Fragen des Bewerbers und nicht zuletzt durch gemeinsame Interessen zu einer Sympathieentscheidung verleiten. Nicht, dass Sympathie nicht auch ein Entscheidungskriterium sein sollte, aber eben nur eines von mehreren. Um rein subjektive Entscheidungen weitgehend auszuschalten, hält sich idealerweise jeder Interviewer an ein vorher vereinbartes Kriterienschema. Zur Vorbereitung auf ein optimales Bewerbergespräch sollten Sie deshalb Ihr Anforderungsprofil nach bestimmten Dimensionen gruppieren. Dazu ist es hilfreich, sich zu den geforderten Werten und Einstellungen etc. typische Verhaltensweisen zu überlegen. Stellen Sie sich immer wieder die Frage: „Woran würde ich das geforderte Kriterium erkennen?"

Diese Verhaltensliste können Sie dann wieder gruppieren und die entsprechenden Cluster auf die einzelnen Interviewer verteilen. Idealerweise besitzt nämlich jeder Interviewer eine unterschiedliche Aufstellung von Auswahlkriterien.

Beobachtungsbogen

Beobachter: ____________________ Teilnehmer: ____________________

Interview

beobachtbare Verhaltensweisen	Beobachtungen	Ausprägung Beurteilung
	Rollenspiel	
Ist überzeugend		
Zeigt Konsequenz		
Ist wertschätzend		
Ist empathisch		
Weitere Beobachtungen		
	Offenes Interview	
Ist an Rückmeldung zu eigener Person interessiert		
Reflektiert sich und die eigenen Fähigkeiten		
Kann vernetzt denken / kann auf verschiedenen Ebenen denken		
Hat realistische Zukunftserwartungen		
Ist international denkend / Kann unterschiedliche Perspektiven einnehmen		
Weitere Beobachtungen		
Fazit		nb ++ + o –

Abb. 5.1: Muster eines Beobachtungsbogens für Bewerberinterviews

Diese Auswahlkriterien sollten in Form von Fragen vorliegen, die das Verhalten in Situationen des früheren Arbeits- und Ausbildungslebens des Bewerbers zutage fördern sollen. Das Ziel dieser Fragen ist es nämlich, anstelle von theoretischen Erklärungen das Verhalten des Bewerbers in speziellen, der Anforderungsdimension entsprechenden Situationen kennen zu lernen.

Fragen sollten immer so formuliert werden, dass darauf konkrete Antworten folgen müssen, aus denen ein klares Profil ersichtlich wird.

Hypothetische Fragen wie: „Was würden Sie tun, wenn ein Kunde ...“ sind in der Regel ungeeignet, da sie zu unrealistischen Antworten verführen können.

Beispiele für vertriebstypische Fragen

- *Um die Verkaufs- und Überzeugungsfähigkeit des Bewerbers zu ermitteln, könnten Sie z.B. bitten: „Beschreiben Sie mir ein besonders erfolgreiches Verkaufsgespräch." Als Interviewer/Beobachter können Sie dann die Situation/Aktion und das Resultat notieren.*
- *Um die Übernahme von Verantwortung abzufragen, könnte beispielsweise eine Frage lauten: „Welches war die schwierigste Entscheidung, die Sie während Ihrer Tätigkeit bei Ihrer letzten Firma zu treffen hatten? Welche Alternativen hatten Sie erwogen?" Aus der Antwort des Bewerbers notieren Sie dann Sachlage, Entscheidungen, Alternativen und Resultat.*
- *Zur fachlichen Kompetenz könnte eine Frage lauten: „Sie bewerben sich bei uns für die Position des ... Welche Kenntnisse und Fähigkeiten haben Sie sich in den letzten zwei Jahren angeeignet, um diese Position erfolgreich ausfüllen zu können?"*

Nach dem Interview diskutieren die Interviewer anhand ihrer Notizen gemeinsam die gewonnenen Erkenntnisse in jeder Dimension und verdichten diese Ergebnisse zu einem einheitlichen Ergebnis. Idealerweise in einem Punktsystem, das die einzelnen Dimensionen getrennt und zusätzlich eine Gesamtpunktzahl ausweist. So können Sie später eine Reihenfolge festlegen und die Besten zu einem nächsten Schritt in der Bewerberauswahl einladen.

5. Schritt: Assessment-Center

In den Auswahlgesprächen äußert der Verkäufer naturgemäß sein Selbstbild. Diese Selbstbeschreibung im Interview muss nicht dem Bild entsprechen, das ein Beobachter, z.B. auch ein Kunde, von diesem Verkäufer hat. Deshalb sollten Auswahlgespräche durch Verfahren ergänzt werden, die ein fundiertes Fremdbild erlauben. Dies ist beispielsweise in einem Assessment-Center der Fall. Deshalb können Sie z.B. die fünf punktbesten Bewerber aus dem strukturierten Interview in ein Assessment-Center einladen. Die zentrale Herangehensweise im Assessment-Center ist das „Zeigenlassen". Hier können Sie ein Fremdbild durch Beobachtung in simulierten Kundengesprächen und Produktpräsentationen gewinnen.

Neben Simulationen und Rollenspielen, die immer auch ein gefiltertes Verhalten der Bewerber zeigen, sollten Sie in einem Assessment-Center deshalb unbedingt auch erlebnisorientierte Übungen mit einbauen: konkrete Aufgaben, Wettbewerbe, Strategie- oder Planspiele. Der Vorteil von Aufgaben mit solch einem Rahmen ist, dass Sie authentisches Verhalten in einem anderen Kontext beobachten können.

Zum Bewertungsverfahren gilt für Assessment-Center das Gleiche wie bei Interviews. Mehrere Beobachter, mit klar vorher festgelegten Auswahlkriterien, sollten schriftlich ihre Beobachtungen festhalten und anschließend gemeinsam die Ergebnisse besprechen und in einem Punktsystem bewerten. Ein Beispiel für einen Bewertungsbogen ist auf der folgenden Seite abgedruckt (Abb. 5.2).

6. Schritt: Diagnoseverfahren

In Diagnoseverfahren werden durch entsprechende Fragestellungen oder Aufgaben die relevanten Kompetenzen, Verhaltensmuster oder Werte der potenziellen Vertriebsmitarbeiter erfasst. Diese psychologischen Diagnoseverfahren werden heute meist PC-gestützt oder über das Internet durchgeführt. Als objektive und effiziente Variante der Potenzialerfassung ergänzen sie andere Verfahren optimal. Damit solche technischen Analysetools erfolgreich eingesetzt werden können, bedenken Sie bitte zwei Dinge:

1. Überlegen Sie sehr genau, auf welcher Ebene die Analyse dieser Tools ansetzt, und hüten Sie sich davor, aus einem Verhaltenstest auf Werte des Bewerbers zu schließen. Genauso wenig können Sie natürlich aus einem Kompetenztest herauslesen, ob sich jemand später beim Kunden auch kundenorientiert verhält. Kompetenztests

analysieren Kompetenzen, Verhaltenstests analysieren Verhalten und Wertetests analysieren Werte.

2. Natürlich ist es auch hier enorm wichtig, dass Sie sich im Vorfeld überlegen, welches Profil Ihr Bewerber erfüllen soll. Welche Werte sind erwünscht, welches Verhalten ist nicht erwünscht, welche Kompetenzen müssen unbedingt sein? Etc.

Und auch hier gilt: Sie brauchen professionelle Vorbereitung!

Beobachtungsbogen

Beobachter: ____________________ Teilnehmer: ____________________

Papierwenden

Beobachtbare Verhaltensweisen	Beobachtungen	Ausprägung Beurteilung
Kann andere überzeugen		
Kann sich angemessen durchsetzen		
Hört zu, lässt andere ausreden		
Greift andere Meinungen und Ideen auf und führt sie weiter		
Reagiert besonnen auf Angriffe anderer		
Erzeugt bei anderen keine Spannungen/Agressionen		
Übernimmt flexibel Führungsrolle		
Fordert und bewertet Alternativen		
Bedenkt Folgen einer Entscheidung		
Weitere Beobachtungen		
Fazit		nb ++ + o –

Abb. 5.2: Exemplarischer Beobachtungsbogen zum Assessment-Center (am Beispiel einer Aufgabe „Papierwenden“, die hier jedoch nicht näher beschrieben werden soll; verdeutlicht werden sollen vielmehr die generierten Beobachtungskriterien)

7. Schritt: Bewertung – Reaktion

Nachdem alle Ergebnisse vorliegen, sollten Vertriebs- und Personalleiter die Bewerber anhand des Soll-Profils schnell bewerten können. Am besten noch am gleichen Tag, denn dann sind die Eindrücke noch aktuell und präsent. Daraus ergibt sich eine Rangfolge der Kandidaten. Jetzt gilt es, sich zu entscheiden und schnell zu handeln, denn die besten Bewerber sind auch für andere Unternehmen interessant. Und Sie wollen die Bewerber, die zu Ihnen passen, doch am liebsten selbst einstellen.

5.3 Selbstmotivation im Vertrieb

Ein durchschnittlicher Verkäufer muss sieben Absagen verkraften, um drei Aufträge zu bekommen. Dieses Verhältnis von sieben Misserfolgserlebnissen zu drei Erfolgserlebnissen ist der Grund, warum es für alle Mitarbeiter im Vertrieb besonders wichtig ist, die eigene Motivation zu organisieren. Deshalb hier ein paar kurze vertriebsspezifische Tipps zur Selbstmotivation.

Was heißt eigentlich Motivation? Wann sind Sie motiviert?

Was motiviert Sie? Balance, Dominanz, Stimulanz, Kontrolle, Revolution oder Offenheit? Egal was davon Sie motiviert, wichtig ist, dass Sie eine Aufgabe haben, in der Sie diese Motivfelder auch stimulieren können. Und dass Sie diese Aufgabe auch so erledigen, dass Sie Ihre Motivfelder regelmäßig stimulieren. Jetzt ist aber nicht jede Aufgabe, jede Stelle, auf den ersten Blick dafür geeignet. Nachdem Sie nun aber die Aufgabe bzw. die Stelle haben, die Sie im Moment haben, gibt es drei Möglichkeiten:

1. Change it.
2. Love it.
3. Leave it.

Fangen wir hinten an: Leave it. Natürlich – und darüber haben wir ja auch im Abschnitt über „Recruiting“ gerade erst geschrieben: Wenn Sie eine Aufgabe haben, die nicht zu Ihnen passt, werden Sie auf Dauer wohl keinen Erfolg haben und dann ist es für Sie und Ihren Arbeitgeber besser, Sie suchen sich eine neue Aufgabe. Wir reden hier übrigens nicht von Kündigung, sondern von „neuer Aufgabe“. Die kann durchaus auch im eigenen Unternehmen zu finden sein.

Die zweite Möglichkeit: Love it. Was an Ihrer momentanen Aufgabe stimuliert Ihre Motivfelder? Was sind die Dinge an Ihrer Aufgabe, die Sie gerne tun?

Und da wären wir schon beim ersten: Change it. Wie können Sie Ihre Aufgabe so machen, dass diese Aufgabe sehr viel stärker noch Ihr Motivfeld stimuliert? Und glauben Sie uns, es gibt immer mehr als eine Möglichkeit, eine Aufgabe zu erledigen. Deswegen noch einmal die ganz zentrale Fragestellung: Wie können Sie Ihre momentane Aufgabe zukünftig anders machen, um noch viel stärker Ihre persönlichen emotionalen Motive zu stimulieren?

Neben den Werten und den Motiven gibt es noch etwas Wichtiges, das Ihr Denken beeinflusst und damit Ihre Motivation: Ihre Einstellung. Wie wäre es mit folgendem Satz: Es gibt keine Misserfolge, nur Feedback. Oder: Umwege erhöhen die Ortskenntnis. Welches Feedback geben Ihnen die oben genannten sieben Absagen? Was können Sie daraus lernen?

Noch einen Motivationsturbo gibt es aus unserer Erfahrung, besonders im Vertrieb: Ziele! Natürlich wissen Sie längst, dass Sie sich Ziele stecken müssen, um dann motiviert an der Zielerreichung zu arbeiten. Hier deshalb jetzt der versprochene Turbo: Systematische Selbstmotivation bedeutet weit mehr als nur positives Ziel-Denken. Denn im Laufe der Jahrmillionen der Evolution hat unser Gehirn ein bipolares Antriebssystem entwickelt. Um die beiden Grundfunktionen als Lebewesen sicherzustellen, nämlich Selbsterhaltung und Arterhaltung, arbeitet unser Gehirn mit zwei Prinzipien:

1. Hin zur Lust, d. h. hin zu allem, was Selbst- und Arterhaltung fördert, und
2. Weg von Schmerz und Pein, d. h. dem, was unser Leben bedroht.

Wenn Sie sehr motiviert, diszipliniert und konsequent sind, dann deswegen, weil Ihr bipolarer Antrieb Sie in die Zange nimmt. Machen Sie es sich daher zur guten Angewohnheit, sich nicht nur die positiven Folgen Ihres Handelns vor Augen zu führen, sondern machen Sie sich jedes Mal auch die negativen Konsequenzen Ihres Nichthandelns klar. Hierbei ist die emotionale Intensität Ihrer Vorstellung ausschlaggebend. Dieses „Warum" hinter Ihren Zielen gibt Energie und verleiht Ihnen Nehmerqualitäten.

Selbstmotivation heißt deshalb auch immer: Machen Sie sich die eigentliche Motivation hinter Ihren Zielen klar.

Zum Abschluss stellen wir Ihnen noch ein Tool vor, mit dem wir und viele von uns betreute Vertriebsmitarbeiter sehr erfolgreich und nachhaltig ihre Motivation verbessern konnten:

Das persönliche (Verkaufs-) Logbuch

Wir möchten Ihnen dringend empfehlen, ein Tagebuch zu führen. Beantworten Sie sich doch schriftlich zum Ende eines jeden (Arbeits-) Tages folgende vier Fragen:

1. Was war am heutigen Tag die wichtigste Lernerfahrung für mich?
2. Was war am heutigen Tag mein größtes Erfolgserlebnis? Welche meiner Stärken und Fähigkeiten haben mir dabei geholfen?
3. Wofür bin ich heute besonders dankbar? Was war der glücklichste Moment des heutigen Tages?
4. Sonstige Gedanken

Noch ein Garantieversprechen vom Autor persönlich in diesem Buch: Wenn Sie konsequent über mindestens drei Monate täglich dieses Tagebuch führen und Sie sich jeden Tag nicht eher zufrieden geben, als bis Sie zumindest auf die ersten drei Fragen eine Antwort haben, garantieren wir Ihnen, neben einer gesteigerten Motivation, mehr Erfolg und mehr Erfüllung in Ihrem Leben als Verkäufer.

Aufgaben zur Selbstkontrolle	*Frage*
	1. Wohin hat sich die Rolle von Verkäufern/Verkäuferinnenn über Produktverkauf und Produktberatung hinaus gewandelt?
	2. Nennen Sie die wesentlichen Faktoren, auf die beim Recruiting „guter" Verkäufer herausragend geachtet werden muss.

6 Integrierte CRM-Systeme

6.1 Grundlagen des CRM

6.1.1 CRM ist „in“, warum eigentlich?

Aus unserer Sicht gibt es zwei wesentliche Treiber für das Thema CRM. Zum einen ist dies das veränderte Kommunikationsverhalten Ihrer Kunden. Früher lief der Kontakt zwischen Vertriebsorganisation und Kunde zu einem überwiegenden Teil über den Außendienstmitarbeiter. Heute nutzen Ihre Kunden immer öfter die verschiedensten Kommunikationsmedien, noch immer Post, verstärkt Telefon und Fax bzw. gehäuft E-Mail, und landen damit jedes Mal bei einem anderen Ansprechpartner in Ihrem Unternehmen. Wenn Sie als Vertriebsorganisation dabei noch den Überblick behalten wollen, wann einzelne Kunden wie mit Ihnen kommuniziert haben, dann brauchen Sie mehr als nur eine Datenbank.

Der zweite Aspekt aus unserer Sicht, der das Thema CRM treibt, ist der steigende Wettbewerb und immer ähnlicher werdende Produkte und Dienstleistungen. Sie als Anbieter können sich kaum noch über Ihre Kernleistungen beim Kunden positionieren. Stattdessen bauen Sie auf individuelle Angebote, die den Kunden an Ihr Unternehmen binden sollen. Je genauer Sie wissen, was Ihr Kunde eventuell haben möchte, umso zielgenauer können Sie ihn kontaktieren.

CRM kann Ihnen also dabei helfen, sich wirklich kundennah zu positionieren.

Solch ein System fordert nämlich einen einheitlichen gleichen Blickwinkel auf den Kunden, und das unternehmensweit. Dadurch lassen sich die Kontakte sehr viel besser zielkundenspezifisch gruppieren. Von dieser gesteigerten Kundenorientierung und zugleich gesteigerter Effizienz profitieren der Kunde und Ihr Unternehmen.

Auch bei der Einführung eines Customeyes-Konzepts hat ein IT-System Vorteile. Denn bereits bei einer mittelgroßen Vertriebsorganisation entsteht in solch einem Konzept eine große Menge an Wissen über Ihre Kernzielgruppe. Dieses Wissen allen Außendienstmitarbeitern und allen Mitarbeitern mit Kundenkontakt zugänglich zu machen, kann ein weiterer Vorteil eines CRM-Systems sein.

Ferner gibt es noch einen weiteren unschätzbaren Vorteil: Ein CRM-System kann die klassische Vertriebsproblematik beseitigen, dass Wissen (zu) personengebunden ist. Denn: Einmal erarbeitetes Wissen, beispielsweise zur Bewertung oder zu den Vorlieben eines Kunden, geht mit dem Weggang eines Mitarbeiters nicht mehr verloren. Der gewonnene Informationspool schafft so für das gesamte Unternehmen eine erhebliche Zukunftssicherheit.

6.1.2 Was bedeutet CRM im Einzelnen?

Häufig wird CRM mit Software bzw. IT-Systemen gleichgesetzt. Im Prinzip charakterisiert CRM jedoch eine Managementphilosophie, die eine komplette Ausrichtung Ihres Unternehmens auf vorhandene und potenzielle Kundenbeziehungen vorsieht. Der Kunde steht dabei im Mittelpunkt aller Ihrer unternehmerischen Überlegungen und Entscheidungen.

Ziel von CRM ist das Management dauerhafter, profitabler und belastbarer Kunden- oder Partnerbeziehungen.

- Dabei erklärt Management die Fähigkeit, alle Interaktionen mit bestehenden und potenziellen Kunden über alle Grenzen der Vertriebsorganisation hinweg zielorientiert zu koordinieren und weiterzuentwickeln.
- Dauerhaft bedeutet, loyale Telling Customer als Partner aufzubauen, Kundenbeziehungen zu festigen sowie ein dauerhaftes Verschmelzen mit der Kernzielgruppe zu erreichen.
- Profitabel bedeutet, dass über die Dauer der gesamten Kundenbeziehung hinweg sichergestellt werden soll, dass der Beitrag Ihres Kunden zum Unternehmensgewinn maximiert wird.
- Belastbare Kundenbeziehungen bedeutet, dass Sie sich sehr viel stärker auf die Kundenbeziehungen statt auf Ihre Produkte konzentrieren sollten.

Dies alles müsste prinzipiell gar nicht zwangsläufig IT-gestützt geschehen, ist aber in der heutigen Praxis selbst in kleineren Unternehmen ohne IT-Unterstützung nicht mehr denkbar. Insofern gehört zu einem CRM-System zwangsläufig Software dazu, aber nach der gerade gegebenen Definition ist ein CRM-System deutlich mehr als ein Adressenpool mit einer gewissen Grundordnung. Es ist sozusagen ein Adressenpool, der auch die Beziehungen mitverwaltet. Man könnte sogar sagen, es ist ein Adressenpool, der für ertragsstarke Geschäfte sorgt.

Sinnvoll erscheint uns daher ein ganzheitlicher Ansatz, der die technische und menschliche Perspektive miteinander verbindet und eine Erweiterung um die wesentlichen Aspekte der Organisationsstruktur und Prozesskultur vornimmt.

6.2 Eigene Anforderungen klären

„Fertige" CRM-Systeme in Form von Softwarepaketen für entsprechende vertriebliche Funktionen werden am Markt gerne als die „eierlegende Wollmilchsau" angepriesen. Wir warnen jedoch davor, sich von den Versprechungen der Systemanbieter leiten zu lassen.

Noch einmal: Nicht das technisch Machbare ist ausschlaggebend, sondern Ihre strategischen Vertriebsziele; Ihre Vertriebsprozesse bestimmen den IT-Einsatz.

Ein passendes CRM-System kann Ihnen dann mehr Effektivität bei der Führung und Steuerung Ihres Vertriebs ermöglichen und Ihnen zusätzlich auch noch mehr Effizienz und Produktivität bei der Markt- und Kundenbearbeitung ermöglichen.

Bevor Sie ein solches Effektivität und Effizienz steigerndes CRM-System auswählen können, gilt es zuvor in acht Bereichen Ihre individuellen Anforderungen zu klären.

Acht Anforderungskomplexe für ein CRM-System

1. Es sollten möglichst alle Abteilungen mit Kundenkontakt integriert werden.

Meist sind das Vertrieb, Service und Marketing. Dabei beziehen Sie idealerweise sämtliche Kontaktpunkte zum Kunden mit ein. Ziel ist es ja gerade, einen so genannten 360-Grad-Blick auf den Kunden zu bekommen, also alle Aktivitäten und Kontakte mit dem Kunden als Überblick zu erhalten.

Die Praxis zeigt, dass viele Systeme zwar zur Vertriebsunterstützung eingesetzt werden, zum Teil wird auch noch der Marketingbereich integriert. Aber mehr oder weniger außen vor bleiben bisher Service und Kundendienst. Dabei geht es ja gerade darum, die Möglichkeiten und Chancen einer integrierten Kundenbetreuung über alle Ebenen hinweg zu nutzen, um das im gesamten Unternehmen vorhandene Wissen über den Kunden optimal auszuschöpfen.

2. Es müssen sämtliche Kommunikationskanäle zum Kunden zusammengeführt werden.

In den meisten Fällen sind das Telefon, Fax, Briefverkehr und E-Mail. Bei manchen Unternehmen schicken die Kunden auch SMS-Nachrichten oder chatten auf der Website.

Über welche Kommunikationskanäle stehen Sie mit Ihren Kunden in Kontakt? Beziehen Sie alle diese Kommunikationskanäle mit ein!

Auch hier sieht die Praxis zurzeit noch ganz anders aus. Eine europäische Studie der British Telecom legte offen, dass erstaunliche 95 % der untersuchten Unternehmen nicht wussten, dass bereits eine E-Mail geschickt wurde, wenn derselbe Kunde seine Frage per Telefon wiederholte. Die Folge daraus: Ein und dieselbe Frage, einmal per E-Mail und einmal am Telefon gestellt, wurde in 85 % der Fälle unterschiedlich beantwortet. Sie sehen, integrierte CRM tut Not in vielen Unternehmen.

3. Datenstruktur: Hier sollten Sie sehr genau analysieren, welche Daten Sie im System benötigen.

Es lassen sich zwei große Blöcke unterscheiden, zum einen

- Daten über den Kunden und zum anderen
- Know-how-/Wissens-Daten.

Beginnen wir mit den Daten über Ihre Kunden.

a) Stammdaten: Hier sind die klassischen Adressdaten zu erfassen, wie Name, Telefon etc. Aber auch Betreuerdaten, Kundenwertklassen, Kundennummern usw. Eine wichtige Frage ist zugleich, inwieweit die Komponente Mensch integriert ist. Lässt die Stammdatenmaske genug Raum für weiche Faktoren? Bei manchen Systemen lassen sich über bestimmte Tools inzwischen Persönlichkeits-Typologie-Modelle, wie das hier in diesem Buch vorgestellte Insights-System, integrieren.

b) Aktivitäten: In diesem Datenbereich werden alle Aktivitäten und Kontakte mit dem Kunden erfasst: Datum, Uhrzeit, Kontaktart und natürlich Inhalt und Vereinbarungen.
c) Verkaufschancen: Des Weiteren gibt es einen speziellen Datenbereich, der die einzelnen Verkaufschancen erfasst und deren Potenzialbewertung ermöglicht. Jede Chance in Ihren Vertriebsprozessen sollte hier erfasst werden können.
d) Verkaufsprozess: Um die einzelnen Verkaufschancen richtig einordnen zu können, ist es hilfreich, ein spezielles Modul zur Prozessebenenbestimmung einzubauen.
e) Umsätze: Natürlich sollten auch sämtliche Umsätze gekaufter Produkte und Dienstleistungen in Ihrem CRM-System zur Verfügung stehen. Inklusive Preise, Zahlungsbedingungen und Zahlungsverhalten.

Darüber hinaus können Sie in Ihrem CRM-System auch Know-how zur Verfügung stellen.

a) Zielgruppen-Know-how: Alles Wissenswerte über Ihre Kernzielgruppe gehört in einer Art Wissensdatenbank erfasst, um so für Ihre Außendienstmitarbeiter jederzeit auf Abruf zur Verfügung zu stehen.
b) Markt-Know-how: Natürlich kann auch Wissen über den Markt, Marktentwicklungen, Benchmarks, Preisvergleiche, Wettbewerbs-Know-how etc. hier eingestellt werden.
c) Vertriebs-Know-how: Auch alle bereits vorgestellten Hilfsmittel zur Vertriebsunterstützung könnten in einem CRM-System auf Abruf zur Verfügung gestellt werden. Also Referenzlisten, Case Studies, Spezialistenprofile, Ansprechpartner im Marketing etc.

4. Kundenwert im Hinblick auf das Reporting

Zusätzlich, und wir möchten darauf noch einmal besonders hinweisen, sollten Kunden und Interessenten nach ihrem Wert für Ihr Unternehmen klassifiziert werden können, um daraus entsprechende Kommunikationsstrategien und Betreuungsstrategien ableiten zu können. Nur so ist das CRM für den Außendienstmitarbeiter eine Unterstützung, um zukünftig ertragsstarke Geschäfte bevorzugen zu können. Überlegen Sie sich also im Vorfeld genau:

- Welche Anforderungen haben Sie an das Reporting Ihres CRM-Systems?
- Welche Informationen sollte der Außendienstmitarbeiter aggregieren können?
- Welche Listings, Ranglisten und Auswertungen benötigt die Vertriebsleitung? Inwieweit ist eine aussagekräftige Forecast-Planung mit Hilfe des CRM-Systems gewünscht?

5. Auch die einzelnen abzubildenden Prozesse sollten berücksichtigt werden.
Auch auf die Gefahr hin, dass wir uns wiederholen: Wichtig ist, dass die Software Ihren Prozessen folgt und nicht umgekehrt. Also stellt sich die Frage, welche Ihrer Prozesse (Kundenneugewinnung, Kundenausbau, Cross Selling ...) im CRM-System Berücksichtigung finden soll.

6. Beachtung des Kundenblickwinkels
Noch ein Wort zu den Prozessen: Betrachten Sie Ihr CRM-System doch auch einmal „customeyes“. Welche Anforderungen an Ihr CRM-System gibt es aus Sicht der Kunden? Was würden sich die Kunden wünschen in Bezug auf Ihre CRM-Prozesse?

7. Technische Anforderungen
Neben den rein technischen Anforderungen wie Hardware, Netzbandbreite etc. geht es uns hier noch um weitere Anforderungsgruppen:

a) Die Anbindung an bestehende Systeme: Inwieweit sollte Ihr CRM-System an bestehende Systeme wie Auftragsabwicklung, Enterprise (ERP)- Systeme etc. angebunden werden können?
   Offline/Mobil: Sind Ihre Außendienstmitarbeiter sehr viel unterwegs, auch mehrtägig? Ist es wichtig, dass Ihr CRM-System auch offline, also ohne Netzanbindung, auf den Notebooks Ihrer Mitarbeiter zur Verfügung steht, oder reicht es, wenn Ihre Außendienstmitarbeiter das CRM-System benutzen können, wenn sie online sind? Hilfreich ist dabei, dass die Internet-Verfügbarkeit auch unterwegs in den letzten Jahren deutlich besser geworden ist.
   Ferner: Über den Einsatz von PDAs (wie Palm, Blackberry, iPhone ...) sollten Sie nachdenken. Ist der Einsatz erforderlich und wenn ja, auf welchen Systemen? Gerade für den schnellen Zugriff, ohne dass ein Notebook erst noch hochfahren muss, eignen sich diese mobilen CRM-Systeme.

Oder reicht eine webbasierte Lösung mit einer zentralen Datenbank? Diese ist in der Regel einfacher zu implementieren, da die Problematik der verteilten Datenhaltung entfällt. Dies bedeutet für Ihre Außendienstmitarbeiter allerdings: kein Web, keine Daten.

b) Herkunft der Daten: Zum einen müssen Sie zentrale Datenbanken beachten, aus denen Sie die statischen Daten wie Kundenstammdaten, Produktstammdaten etc. beziehen können. Die Bewegungsdaten (Änderungen der Stammdaten) und kaufmännischen Daten wie Zahlungsverhalten und Außenstände müssen in das System transferiert werden. Ebenso aktuelle, schnell sich wandelnde Massendaten wie Sonderkonditionen, aktuelle Absatz- und Umsatzplanungen etc.
Zum anderen müssen natürlich die Mitarbeiter kontinuierlich die Daten der Kunden- und Marktbearbeitung einpflegen. Wie sollte das idealerweise geschehen, sodass es auch geschieht? Denn Sie wissen ja: Jedes Datensystem ist nur so gut wie die Qualität der Daten, die es verarbeiten kann.

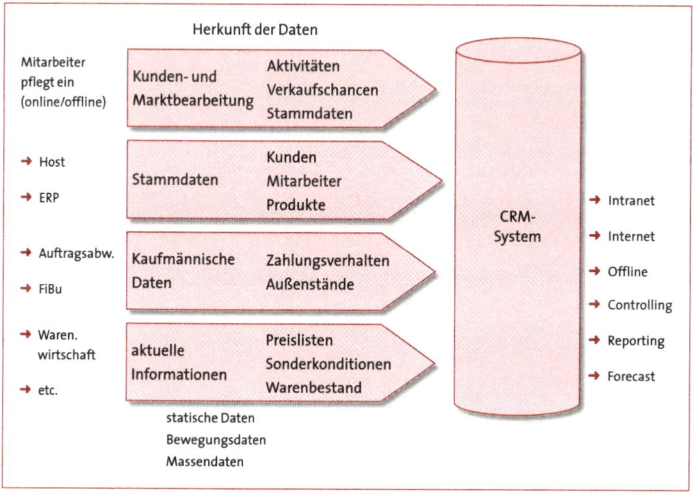

Abb. 6.1: Übersicht über die Herkunft der Daten

8. Kaufmännische Überlegungen

An dieser Stelle taucht noch eine weitere Frage auf: Wollen Sie ein System kaufen und verschiedene Lizenzen für ihre Arbeitsplätze erwerben, oder wollen Sie das System mieten und als ASP (Application Service Provider)-Lösung einsetzen?

6.3 Auswahl eines Systems

Nachdem Sie, wie gerade gesehen, Ihre Anforderungen an Ihr CRM-System geklärt haben, gilt es, die inzwischen schier unüberschaubare Menge von CRM-Systemen zu sichten.

Wir wollen keine allgemeine Empfehlung aussprechen, da es das beste CRM-System nicht gibt. Es gibt maximal das eine oder die zwei, drei, vier, oder mehr ... besten Systeme für Ihre Anforderungen, unter denen Sie dann Ihre Auswahl treffen können.

Um Ihnen als Basis für Ihre Entscheidung noch ein Gefühl für die unterschiedliche Komplexität der Systeme zu geben, stellen wir Ihnen hier kurz die zehn Stufen von der „Zettelwirtschaft" zum integrierten CRM-System vor.

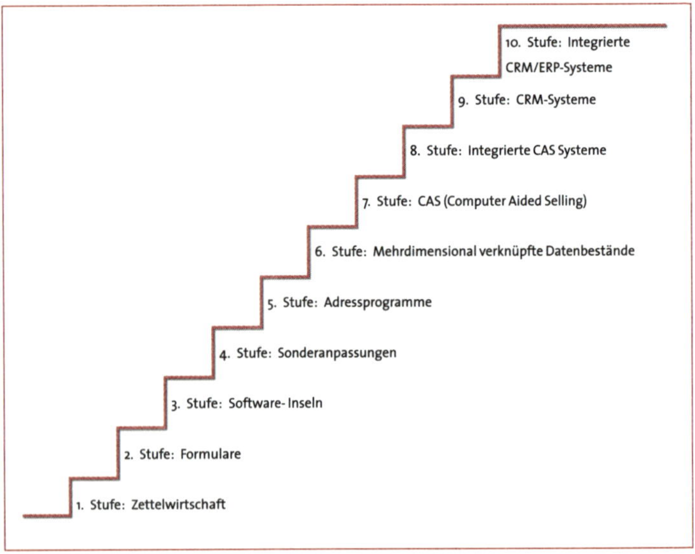

Abb. 6.2: Die zehn Entwicklungsstufen zum integrierten CRM-System im Überblick

1. Stufe: Zettelwirtschaft

Fast alle „Vertriebskünstler“ und Existenzgründer starten auf diese Weise. Hier werden Kundenakten und Kundenstammdaten noch von Hand gepflegt.

2. Stufe: Formulare

Vertriebsorganisation mit Hilfe eines ausgefeilten Formularwesens schafft Strukturen, ermöglicht bereits erste manuelle Auswertungen, allerdings stößt auch das Formularwesen bei der großen Fülle der Abwicklungsvorgänge schnell an seine Grenzen.

Die verfeinerte Form dieser Stufe arbeitet deshalb bereits mit Excel-Tabellen.

3. Stufe: Software-Inseln

Als Ergänzung zu den Excel-Tabellen ist in dieser Stufe ein EDV-Warenwirtschaftssystem bzw. die Finanzbuchhaltung hinzugekommen.

EDV-Basissysteme, mit denen die Verkaufsmitarbeiter umgehen müssen, werden hier rudimentär zur Vertriebssteuerung herangezogen. Allerdings sind vertriebsspezifische Steuerungsauswertungen kaum möglich.

4. Stufe: Sonderanpassungen

Um das Manko aus Stufe 3 zu beheben, werden hier die Basissysteme um Sonderauswertungen ergänzt. Dies könnten z.B. Warenlisten, ABC-Aufstellungen nach Umsatz für alle Kunden, ABC-Listen von Kunden ohne Bestellung bis dato etc. sein. Diese Listen werden in dieser Stufe dann auf Anfrage durch die IT-Abteilung oder über das Controlling geliefert oder kommen regelmäßig, z.B. monatlich, als Papierausdrucke.

Auch in dieser Stufe lassen die Datenmodelle die aktive Kundenbetreuung noch außen vor.

5. Stufe: Adressprogramme

Hier werden erstmals die wichtigsten Kundendaten strukturiert festgehalten und die Historie der Kundenkontakte EDV-technisch dokumentiert. Es wird in der Regel Standardsoftware wie MS Outlook oder Lotus Notes benutzt oder als Basissoftware verwendet. Auch einfache Accessdatenbanken sind häufig im Einsatz.

6. Stufe: Mehrdimensional verknüpfte Datenbestände

Um noch weitere Auswertungsmöglichkeiten zu gewinnen, müssen die Datenbestände mehrdimensional verknüpft werden. Als Basis bieten sich dann Datenbankprogramme von Oracle, Microsoft, Sybase oder Ähnlichem an. Sie erlauben schnelles und flexibles Suchen, bei Bedarf auch online und auch nicht nur nach vordefinierten Begriffen.

7. Stufe CAS (Computer Aided Selling)

Alle Vorgänge der Markt- und Kundenbetreuung vom Außen- und Innendienst werden vernetzt und online automatisiert. Das Adressprogramm wird erweitert um die Funktionalitäten

- Kundenhistorie,
- Besuchsplanung,
- Besuchsberichte,
- Reiseabrechnung und die
- Steuerung von Mailingaktionen.

Hiermit ist bereits eine systematische Steuerung des Vertriebsteams möglich.

Es fehlt allerdings noch der Zugriff auf die Daten der Warenwirtschaft und des zentralen Rechnungswesens.

8. Stufe: Integrierte CAS-Systeme

Hier werden die angepassten CAS-Systeme über Schnittstellen mit den zentralen Mainframedaten der Buchhaltung, Kalkulation, Finanz- und Warenwirtschaft verbunden. Jetzt sind auch Absatz- und Umsatzplanungen und Vertriebscontrolling möglich.

9. Stufe: CRM-Systeme

In dieser Stufe wird die Außendienststeuerung außerdem mit den Arbeitsvorgängen im Marketing, Callcenter und Service (Kundendienst) vernetzt. Jetzt können die kundenbezogenen Prozesse der verschiedenen Abteilungen aufeinander abgestimmt werden, um eine Balance zwischen Kunden- und Kostenorientierung zu erreichen. Erst in dieser Stufe sprechen wir streng genommen von CRM-Systemen.

10. Stufe: Integrierte CRM/ERP-Systeme

Noch höher integriert ist diese letzte Stufe der computergestützten Unternehmensgesamtsteuerung. In dieser Stufe spricht man auch von vertikaler Unternehmensintegration durch betriebswirtschaftliche Standardsoftware. Die Aufgabe dieser Systeme ist die Erfassung und Steuerung aller Waren- und Werteströme der Unternehmen, ebenso die Verknüpfung der internen Unternehmenssteuerung mit den weichen Kundendaten.

Was ist in der Praxis verbreitet?

Eine Studie der FHS Landshut unter überwiegend mittelständischen Unternehmen hat ergeben, dass ca. 50 % der befragten Unternehmen über Stufe 6 noch nicht hinausgekommen sind. Weitere 30 % arbeiten auf dem Niveau des Computer Aided Sellings und erst ca. 20 % der Unternehmen haben ein CRM-System oder ERP-Software mit Kundenintegration im Einsatz. Wir schätzen allerdings, dass in deutschen Großunternehmen die Zahlen doch deutlich anders aussehen und dort ca. 90 % über eine professionelle Vertriebssteuerungssoftware verfügen.

Nun sind Sie dran, wählen Sie für Sie passende Systemstufe und suchen Sie sich dann die passende Software.

Lösungshinweise

Kapitel 1

1. b)
2. Entwicklungsperspektive, Bezugsrahmen für das vertriebliche Handeln, Ansätze, um Mehrwert für den Kunden zu schaffen
3. siehe im Text Seite 11
4. Kernstrategien beruhen auf a), c), e), f), g)
5. siehe Texte Seite 15 Mitte
6. Unique Selling Proposition = Alleinstellungsmerkmal
7. Ein USP ist nicht duplizierbar, denn er ist auf konkrete Zielgruppen und Kunden ausgerichtet (sonst wäre er kein wirklicher USP).
8. Die Konzentration auf Zielgruppe, Spezialgebiet und die eigene Lösung.
9. richtig sind b) und c)

Kapitel 2

1. Gliederung nach Produkt(-gruppen), Regionen, Kundengruppen
2. b)
3. siehe Text Seite 32 unten
4. Länge, Breite, Tiefe
5. direkt = a), b), d), e) g); indirekt = c), f)
6. Einschaltung einer Zwischenstufe im Kontakt zum Kunden
7. Sie ergibt sich über die Produktlinien, Regionen und Kunden(-gruppen), und zwar als Produkt von deren Anzahlen.
8. Er ist die optimierte Vertriebswege-Kombiniation – durch Zusammenfassung von Kanälen und/oder die Nutzung verschiedener Kanäle in einem Segment.
9. Verkaufsteams aus Innendienst und Außendienst; Angebotsteam (als Projektteam)
10. Vertriebsinnendienst, Außendienst, Marketing, Auslieferung, Service, Technik und ggf. Entwicklung
11. siehe Seite 66 oben
12. 1) + b), 2) + a)

Kapitel 3

1. Zielkunden identifizieren, Ansprache des Kunden, erster Gesprächstermin, Interesse wecken, Bedarf klären, Lösung präsentieren, Angebot erstellen, verhandeln.
2. Kundengewinnung und Kundenausbau
3. siehe Tabelle Seite 72
4. Telling Customer/aktiver Empfehlungskunde, Partner
5. c)
6. Verwundbarkeitsanalyse (siehe Seite 94)
7. Wenn ein qualifzierter Bedarf vorliegt
8. siehe Seite 102
9. Richtig sind a), c) und d). Falsch sind b) (es werden auch andere Kennzahlen genutzt) und e), denn Kundenlebenszyklusanalysen sind auch Kundenwertanalysen.
10. a) Service/Serviceführerschaft; b) Jahresvereinbarungen, Servicelevel-Vereinbarungen

Kapitel 4

1. siehe Text Seiten 125 unten / 126 oben
2. a)
3. Zu a) = 3), 4), 5), 6). Zu b) = 1), 7); zu c) = 2), 8)
4. Provision (progressiv, degressiv, gedeckelt), Prämie, Incentive, Wettbewerbspreis
5. a), c), d) treffen zu, b) nicht. Denn natürlich kann man eine Neuprodukteinführung auch als Sonderaktion organisieren.
6. Zur Bemessung des Vertriebsaufwands pro Segment und damit zur Vertriebssteuerung.
7. Kundenzahl, Kaufmenge pro Kunde, Kauffrequenz, Kaufpreis (siehe Seite 153).
8. Forecast-Planung (siehe Seite 157)

Kapitel 5

1. Zum Verständnis, dem Kunden Problemlösungen zu bieten.
2. Hohe persönliche Werte, zielführende Einstellung (auch zu Misserfolgen), Wissen und Können

Verwendete Literatur

Ahlert, Dieter; Dannenberg, Holger; Huckemann, Matthias (Hrsg): Der Vertriebs-Guide. München/Unterschleißheim 2004. Luchterhand

Berth, Rolf: Erfolg. Düsseldorf, Wien, New York, Moskau 1993. ECON Verlags GmbH

Carlzon, Jan, Lagerström Tomas: Alles für den Kunden. Frankfurt/Main 1995. Campus Verlag GmbH

Christiani, Alexander; Scheelen, Frank M.: Stärken stärken. München 2002. Redline Wirtschaft bei Verlag moderne industrie (Landsberg)

Czech-Winkelmann, Susanne: Vertrieb. Kundenorientierte Konzeption und Steuerung. Berlin 2003. Cornelsen Verlag

Drucker, Peter F.: Managing for Results. 1999. Butterworth Heinemann.

Felser, G.: Motivationstechniken. Berlin 2002. Cornelsen Verlag

Fink, Dietmar H.: Virtuelle Unternehmensstrukturen. Wiesbaden 1998. Gabler Verlag

Geffroy, Edgar K.: Clienting. Landsberg/Lech 1995. Verlag moderne industrie (Landsberg)

Goldmann, Heinz M.: Wie man Kunden gewinnt. Berlin 2002. Cornelsen Verlag

Harris, Godfrey: Empfehlen Sie uns weiter. Wien 1999. Signum Verlag.

Kreuter, D.: Verkaufs- und Arbeitstechniken für den Außendienst. Berlin 2005. Cornelsen Verlag

Lewicki, Roy J.; Hiam, Alexander; Wise Olander, Karen [ISI Marketing GmbH]: Verhandeln mit Strategie. Bochum 2000. ISI Marketing GmbH

Maderthaner, Wolfgang: Der Kundenmanager. Wiesbaden 1987. Betriebswirtschaftlicher Verlag Dr. Th. Gabler

Miller, Robert B.; Heiman, Stephen E. mit Tuleja, Tad: Strategisches Verkaufen. Landsberg/Lech 1999. Verlag moderne industrie (Landsberg)

Peters, Tom: Re-imagine! Starnberg 2004. Dorling Kindersley Verlag GmbH

Scott-Morgan, Peter; Maira, Arun; Arthur D.: Little International: Unternehmen auf der Überholspur. Frankfurt/New York 1997. Campus Verlag

Sprenger, Reinhard K.: Mythos Motivation. Frankfurt/Main; New York 1997. Campus Verlag

Steinbuch, Pitter A.; Olfert, Klaus (Hrsg.): Organisation. Ludwigshafen 2003. Friedrich Kiehl Verlag GmbH

Töpfer, Armin: Kundenzufriedenheit messen und steigern. 2004. Luchterhand

Winkelmann, Peter: Kundenwerte ermitteln und Prioritäten steuern. eBook, 2004. Schimmel Media Verlag 2004.

Internet-Quellen

www.akquisa.de
www.geffroy.de
www.huthwaite.de
www.mw-online.de
www.salesprofi.de
www.verkauf-aktuell.de
www.vertriebs-experts.de
www.vm-aktuell.de
www.wiwo.de

Herausgeber

Der Weg in ein neues Berufsleben beginnt seit 1985 für Tausende von Teilnehmern bei FORUM Berufsbildung e.V. In Umschulungen, Fortbildungen, Ausbildungen und Fernlehrgängen lernen Menschen aller Altersgruppen praxisnahes Wissen.

Lehrgänge und Praktika finden in enger Kooperation mit Betrieben in einer breiten Palette von Branchen statt.

Eine intensive, individuelle Beratung durch erfahrene Branchenexperten steht am Anfang der Weiterbildung. Mit modernen, abwechslungsreichen Lehrmethoden und vielfältigem Medieneinsatz schaffen die Dozenten ein interessantes und sympathisches Lernklima. Die Unterrichtsqualität wird regelmäßig von den Teilnehmern bewertet.

Die Lage des Hauses am Checkpoint Charlie im Herzen von Berlin, helle und freundliche Räume sowie engagierte Mitarbeiter sorgen zusammen mit über 1.000 Teilnehmern für ein lebendiges Lernumfeld.

Die Teilnehmer werden nicht nur in fachlicher Hinsicht gefördert, auch die individuelle soziale Kompetenz wird gestärkt: Service-Angebote wie Bewerbungscoaching, Rechtsberatung, Unterstützung bei der Internetrecherche ermöglichen diesen Prozess.

Die Lehrgänge schließen mit einer Prüfung vor der Industrie- und Handelskammer (IHK) Berlin bzw. mit einem FORUM-Zertifikat ab. Die durchschnittliche Erfolgsquote bei den Prüfungen liegt bei über 90%. Im Durchschnitt finden über 70% der Absolvent/innen nach Abschluss des Lehrganges einen Arbeitsplatz: Der berufliche Erfolg folgt.

Über den Autor

Heiko van Eckert ist Gründer und Inhaber der salegro Vertriebsberatung. Er gilt als der Experte für Personal-, Persönlichkeits- und Organisationsentwicklung im Vertrieb.

Der Autor arbeitet seit mehr als 10 Jahren als Berater, Coach, Trainer und Referent. Zuvor war er über 10 Jahre im Vertrieb von Produkten, Projekten und Dienstleistungen tätig, zuletzt für vier Jahre als Leiter einer Vertriebsniederlassung. Seine Projektschwerpunkte in der Vertriebsberatung liegen vor allem in der Leitung von internationalen/interkulturellen Projekten, Change-Management in Vertriebsorganisationen, Vertriebs- und Expertencoaching sowie im Verhandlungstraining und -coaching.

Ihr fundiertes Vertriebsfachwissen geben Heiko van Eckert und sein Team praxisnah, inspirierend und gewinnbringend an ihre Zuhörer weiter. Die salegro Vertriebsberatung ist die Adresse für persönlichkeitsorientierte Vertriebsentwicklung, für Beratung und Training im Vertrieb.

www.salegro.de

Stichwortverzeichnis